普通高等教育人工智能系列教材

计算机博弈算法与编程

王静文 李 媛 邱虹坤 高 强 刘中亮 张鹏飞 编著

机械工业出版社

本书是为计算机博弈竞赛爱好者而撰写，主要介绍了计算机博弈的基本原理，介绍了计算机博弈程序开发中常用的算法，包括极大极小算法、$\alpha\text{-}\beta$ 算法、期望搜索算法、UCT 算法和 Q 学习算法等，并介绍了以 $\alpha\text{-}\beta$ 算法为基础的一些常用的变种算法和提高搜索效率的方法。

本书以目前我国开展的中国大学生计算机博弈大赛暨中国锦标赛为基础，给出了包括亚马逊棋、点格棋、桥牌等 7 个博弈游戏的算法与实现案例，涵盖了完备信息和非完备信息两大部分计算机博弈的内容，每个案例各有特色，对不同博弈游戏的估值均有详细介绍。

阅读本书的读者应具有一定 C 或 C++ 基础。本书可以作为人工智能或智能计算等相关专业的教材，也可以作为计算机博弈爱好者的参考用书。

图书在版编目（CIP）数据

计算机博弈算法与编程/王静文等编著. —北京：
机械工业出版社，2021.12
普通高等教育人工智能系列教材
ISBN 978-7-111-69286-7

Ⅰ.①计⋯　Ⅱ.①王⋯　Ⅲ.①软件设计 – 高等学校 –
教材　Ⅳ.①TP311.1

中国版本图书馆 CIP 数据核字（2021）第 201575 号

机械工业出版社（北京市百万庄大街22号　邮政编码100037）
策划编辑：韩效杰　　责任编辑：韩效杰　侯　颖
责任校对：王　欣　　封面设计：马若濛
责任印制：李　昂
北京中兴印刷有限公司印刷
2021 年 11 月第 1 版第 1 次印刷
184mm×260mm · 13.25 印张 · 326 千字
标准书号：ISBN 978-7-111-69286-7
定价：45.00 元

电话服务　　　　　　　　网络服务
客服电话：010-88361066　　机 工 官 网：www.cmpbook.com
　　　　　010-88379833　　机 工 官 博：weibo.com/cmp1952
　　　　　010-68326294　　金 书 网：www.golden-book.com
封底无防伪标均为盗版　机工教育服务网：www.cmpedu.com

前　言

　　本书讨论计算机博弈程序（软件）的分析、设计、实现方法及过程。对计算机博弈的一些相关项目进行分析、实现，并引导学生独立完成相关软件，为有兴趣参与计算机博弈程序设计的读者提供参考。

　　本书读者需要具备基本的计算机程序设计语言基础，并能够编写简单的应用程序，但对所需的语言并无特定的要求，C、C++或Java等语言均可作为具体实现的语言。本书关于搜索和估值方面的内容均有相关的伪码，读者可以很容易将相关内容转换为自己所熟悉的语言，同时提供的示例从简单开始，逐步加深，便于学习。

　　对于读者来说，重要的是如何学会自己动手设计实现相关程序或软件，而不是从书上或网上复制程序。本书在撰写过程中以分析与设计为主，以代码实现为辅，通过对软件的分析，从算法的原理出发，将结构、流程、伪码相结合，引导读者独立完成相关软件的设计。同时，注重程序算法的效率，实现对效率从理论到实践进行研究。此外，通过软件工程的方法分析与设计相关软件，使读者能从全局观念出发来设计完成软件，从示例中体会到从全局出发以工程方法设计软件的重要性。

　　本书共10章。第1章介绍了计算机博弈的一些基本情况。第2章介绍了计算机博弈软件设计的基本原理和基本方法，以及目前较为先进的计算机博弈技术和实现方法。第3~9章介绍了中国大学生计算机博弈大赛暨中国锦标赛中一些项目的分析、设计和实现，包括亚马逊棋、点格棋、六子棋、苏拉卡尔塔棋、西洋跳棋、桥牌和德州扑克，并以软件结构结合伪码为主，兼顾不同计算机语言的实现，部分示例采用目前使用量较大的C++或Java语言来描述，在表达中尽可能使读者易于转换。附录A介绍了目前中国大学生计算机博弈大赛暨中国锦标赛部分大学生项目的规则。在附录B中，提供了采用博弈平台的桥牌游戏的部分核心源代码，可供有需要的读者参考。

　　本书作者的分工如下：沈阳工业大学李媛编写了第1章，沈阳工业大学王静文编写了第2~7章，沈阳航空航天大学邱虹坤编写了第8章，沈阳大学高强编写了第9章，沈阳工业大学刘中亮、张鹏飞编写了附录A。陈建、史孝兵、尹本立等对各章的编写给出了很好的建议，并实现了具有相当水准的博弈软件，使本书所涉及的内容都得以具体实现，使得本书更加完善，在此表示诚挚的谢意。同时，也感谢参与试读的同学，在学习期间抽出宝贵的时间来阅读本书，对本书的易读性、易用性提出了很多宝贵的意见。

　　书中难免有疏漏与不妥之处，敬请读者不吝指正。请将宝贵意见发至 wangjngwen007@126.com 邮箱，以便与作者沟通交流。

作　者

目　录

第1章

概　述

1.1　计算机博弈概述

计算机博弈（Computer Game）也称为机器博弈，最早来源于博弈论思想，博弈论最初主要研究象棋、桥牌以及各种与赌博胜负相关的问题，即两人在公平的对局中利用对方的策略变换自己的对抗策略，达到取胜的目的。目前，博弈论已经广泛应用于生物学、军事策略、计算机科学等领域。博弈论的思想与计算机相结合产生了计算机博弈，由于计算机游戏的题目简单、条件明确、周期短、见效快，因此，通常使用它来研究计算机的思维，让计算机学会像人的思维方式一样来"思考"问题，具备人一样的博弈能力。目前，计算机博弈的主要研究方向是人机对战的棋盘类游戏。

人工智能（Artificial Intelligence，AI）是研究、开发用于模拟、延伸和扩展人的智能的理论、方法、技术及应用系统的一门新的技术科学。人工智能最关心的两个问题是知识表示与搜索，这也是计算机博弈所要解决的问题，因而，人工智能中的相关技术在当前计算机博弈游戏中被广泛应用，计算机博弈也逐渐成为人工智能中的一个重要分支。美国麻省理工学院著名教授 Claude Shannon 早在 1948 年就撰写了 "Programming a Computer Playing Chess" 一文，创立了计算机博弈的第一个里程碑。

1966 年，麻省理工学院的 Mac Hack 6 开发小组开发了第一个能与人进行对弈的计算机棋类游戏，由此开始了计算博弈成长之路。

1997 年 5 月 11 日，国际象棋世界冠军卡斯帕罗夫与 IBM 公司研发的国际象棋计算机"深蓝 II"（更深的蓝）进行了六局对抗赛。"深蓝 II"以 3.5:2.5 的比分战胜了世界冠军卡斯帕罗夫，在第 6 局，仅下到第 19 步卡斯帕罗夫就向"深蓝"拱手称臣。这一天也成为计算机人工智能的一个重要的里程碑。计算机博弈得到越来越多的学者的重视。

2016 年 3 月，由 DeepMind 开发的 AlphaGo 与世界围棋冠军、职业九段棋手李世石进行了 5 局对弈，最终以 4:1 战胜李世石。

2017 年 5 月，AlphaGo 与世界排名第一的世界围棋冠军中国棋手柯洁对弈，最终以3:0获胜。至此，计算机博弈被推向了一个新的高潮。

1.2　国际计算机博弈锦标赛

由国际机器博弈协会（ICGA）主办的国际计算机博弈锦标赛（Computer Olympiad）是

目前世界上规模最大的计算机博弈大赛。自 1989 年在英国伦敦举办了第一届计算机奥林匹克大赛以来，目前已经举办了十五届，吸引了全世界众多计算机博弈爱好者的参加。我国于 2008 年在北京成功举办了第十三届国际计算机博弈锦标赛，并吸引了"深蓝"之父许峰雄博士到场，参赛队伍总数近百支。

计算机博弈锦标赛的比赛项目包括较为普及的项目，如围棋（含九路围棋）、国际跳棋、五子棋、六子棋、中国象棋、日本将棋、西洋双陆棋、幻影围棋等；同时，还有许多其他棋类，如海克斯（Hex）、亚马逊（Amazons）、克拉巴（Clobber）、苏拉卡尔塔（Surakarta）、点格棋（Dots and Boxes）等近 40 种比赛项目。

1.3 中国大学生计算机博弈大赛暨中国锦标赛

中国大学生计算机博弈大赛暨中国锦标赛起源于中国计算机博弈锦标赛，自 2006 年，至 2020 年已经成功举办了十四届，比赛的项目由最初的中国象棋、围棋、九路围棋和六子棋四个项目，发展到现在的中国象棋、围棋（19 路）、幻影围棋、亚马逊棋、苏拉卡尔塔棋、六子棋、点格棋等 10 多个项目，参赛的代表队也由初始阶段的 10 个左右的代表队发展到目前的由 60 多个院校和单位参加、360 多个代表队、近 400 名选手参与的规模。

2011 年，中国计算机博弈锦标赛发展成中国大学生计算机博弈大赛暨中国锦标赛，并由教育部主办，人工智能协会承办，在北京科技大学成功举办了第一届比赛。2012 年，东北大学举办的第二届大赛中参赛的队伍已经达到了 170 多个代表队，同时增加了国际跳棋、爱恩斯坦棋和军棋等比赛项目，为新参与该项活动的学校提供了一个更好的交流与学习的平台，亚马逊棋、苏拉卡尔塔棋、六子棋、点格棋等参赛队伍均超过了 20 个。2020 年，参赛队伍达到了 360 多支，参加的学校和单位超过 60 个，计算机博弈吸引越来越多的大学生和博弈爱好者参加。

第 2 章

计算机博弈基础

2.1 计算机博弈的基本原理

2.1.1 基本原理

计算机博弈的基本思想并不复杂，将计算机博弈的过程用"树"的方式表达出来称为博弈树，而计算机博弈实际上就是对博弈树上的节点进行估值和对博弈树进行搜索的过程。在博弈过程中，站在其中一方的立场上来构建一个博弈树，博弈树的根节点就是当前的棋局，而博弈树的子节点就是假设再行棋一步以后产生的棋局，再构建更下一步的棋局，直至某一深度或结束为止。由此构建出的博弈树通常是非常巨大的，往往无法直接通过构造博弈树而分出胜负，博弈程序的任务则是根据博弈树搜索出一种当前棋局的最佳走法。

计算机博弈通常需要满足以下几个条件：

1）双方对弈，对弈的双方轮流走步。

2）信息完备，对弈的双方所得到的信息是一样的，不存在一方能看到而另一方看不到的情况，每一方不仅知道对方走过的每一步棋，而且还能估计出对方未来可能走的棋。

3）零和，即对一方有利的局面对另一方肯定不利，不存在对双方均有利或均不利的情况，对弈的结果是一方赢而另一方输，或者是和棋。

下面以一个较为简单的井字棋游戏为例，介绍计算机是如何进行下棋的。井字棋游戏（Tic-Tac-Toe）是计算机博弈游戏中较为简单的例子之一，在图 2-1 所示的棋盘中，双方轮流下棋，若其中一方在水平、垂直或斜线方向形成三个棋子连线，则获胜。下棋过程大致如图 2-1 所示。

在图 2-1 中，"○"方在右侧形成三连，故"○"方获胜。

针对井字棋游戏，在游戏设计过程中可按照以下基本原则进行：

1）如果下在该位置可以赢棋，那就下在该位置。

2）如果对手下在该位置可以赢棋，那就下在该位置。

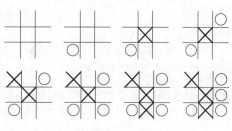

图 2-1　井字棋游戏

3）如果中心位置空闲，那么下在中心位置要优于边上和角上位置。

4）如果角上位置空闲，那么下在角上位置要优于边上位置。

5）如果只有边上位置空闲，那只能下在边上位置。

图 2-1 所示的过程只是下棋中一种。如果计算机能够搜索出所有可能的下棋过程那就最好了，只要从中选择出能赢棋的走法在下棋过程中使用就可以了。那么，这种方法是否可行？至少有两个理由说明这种方法是不可行的。

1）如果一种棋，在棋盘上有 x 个可以下棋的位置，共有 y 步才能下完，那么下棋过程中最多可能的步子共有 x^y 种。例如上述井字棋游戏，如果不考虑对称的因素，那么在第一步下棋时，如果模拟到整个棋局结束，需要模拟的总的步数为 9!，共 362,880 种可能步数。排除相应的对称因素，例如，在下第一步棋时只需要考虑中间点、四个角点中的一个和中间水平与中间垂直中的一个点即可，即第一步棋只需要考虑三个可下棋的位置，依此类推，考虑第二步、第三步……下棋的位置，这样可以得到大约 255,168 种下法。再如国际象棋，可能的下法有 36^{40} 种。显然，以目前计算机的计算速度来说，这种搜索方法是不可行的。

2）"这就叫人工智能？这就是机器博弈？"，如果上述方法可行的话，这可能是你最可能说出的那句话。对于硬件崇拜者，这也许是个方法，而对于软件设计者来说，用一个优秀的搜索算法来解决这个问题会给其带来更大的快乐。

在实际应用中，并不搜索所有的节点，而仅搜索有价值的节点，并对它们进行估值。如何对节点进行合理的估值并设计相应的估值函数是计算机博弈中一个重要的环节，在后续章节中会专门对估值函数的设计方法进行讨论。

为方便表达游戏的状态，通常使用树或图来表达。图 2-2 表示了一种博弈树，树的根部为起始状态；A、B 等表示可以选择的下棋位置；Player1、Player2 表示在树的该层走棋的一方，不同游戏者所处的层次分别用圆圈和矩形表示；W 代表赢棋，L 表示输棋。进行初始化之后，Player1 可选择 A、B、C 和 D 位置下棋，然后轮到 Player2 下棋，依此类推。

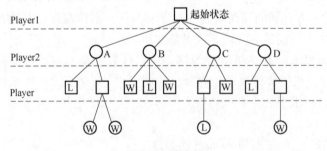

图 2-2　博弈树

那么，现在所要做的工作就是要找到获胜的节点。为了更好地理解搜索过程，先介绍一下博弈树中一些常用的概念。

1）分支因子（Branching Factor，b）：指从游戏起始出发游戏者可以移动到的位置。例如，井字棋游戏的分支因子为 9（当游戏开始时，下棋方共有 9 个位置可以选择）。

2）层次（ply）：博弈树的层次。游戏者通过下棋而进入博弈树的下一层次。

3）深度（Depth，d）：在博弈树中向下搜索的层次称为深度（或搜索深度）。例如，井字棋游戏的搜索深度一般为 6～7，而国际象棋的通常要达到 40。

在实际搜索过程中，通过穷举法搜索得到制胜的下法在大多数游戏中是不现实的，通过选择合适的算法实现最优搜索则是计算机博弈游戏中的一个重点。

计算机博弈或人机对弈一般来说需要满足以下几个条件：

1）棋局可以在博弈程序中以一定的方式表示出来，并能使程序获得当前棋局的状态。

以上述的井字棋游戏为例，可以使用一个二维的数组来表示棋盘，假设采用整型的board［3］［3］来表示棋盘，也可以使用一维数组来表示棋盘，如采用整型的 board［9］，9个变量分别表示棋盘中的 9 个位置，当其值为 0 时可以表示当前位置没有棋子，当其值为 1时可以表示当前位置为 × 方，而当其值为 –1 时可以表示当前位置为"○"方，这样，就可以将棋盘的当前状态完整地表示出来。在不同的棋种中棋局的表示方法略有不同，主要是根据相关棋局的特征来确定棋局的具体表示方法。

2）博弈过程在计算机可判别的规则中进行。

在棋盘的状态表示中，如果当前位置的值为 0，表示当前位置为空，则下棋方可以在该位置下棋；如果水平、垂直或斜线方向有三个同值的数据，则表示该方已经赢棋。这些规则都是计算机可以识别的规则。

3）博弈程序具有从所有可行的走法中选择最佳走法的技术。

还以井字棋游戏为例，若白棋有两个位置可以下棋，那么，这两个位置就可以作为最佳位置进行选择，计算机通过判断在这两个位置下棋后能否直接赢棋来确定在哪个位置下棋，在没有直接可以赢棋的情况下需要评估所下位置的价值以确定具体下在哪个位置。

4）博弈程序应具有适当的估值方法，用于评估当前局面的优劣。

例如在井字棋游戏中，可以通过己方可能胜利的线路总数减去对方可能胜利的线路总数来确定当前位置的价值，通过具体价值评估当前的局面。

5）具有适合的运行界面以准确地表达当前局面。

目前大多数计算机博弈比赛都要求比赛软件以可视化形式来表示当前局面，可以根据不同的语言采用不同的界面制作工具，例如，使用 C ++ 作为编程语言时，通常使用 Visual C ++ 的 MFC（微软基础类）来制作界面，如果使用 Java 语言则可以使用 AWT（Abstract Windowing Toolkit，抽象窗口工具包）或 SWING 来制作界面。运行界面必须符合比赛的基本要求。

2.1.2　计算机博弈的搜索方法

在计算机博弈中，博弈过程可能产生惊人的、庞大的搜索空间，通常这个搜索空间是无法使用穷举搜索（遍历整个空间，找到获胜的走法就可以了）来完成，要搜索这么庞大而复杂的空间需要使用相应的技术来判断备选状态。探索问题空间，是以一些判断性规则为基础的，这些规则使搜索仅寻找在状态空间中最"有效"的一部分，这些技术和规则被称为启发（Heuristic），启发式算法依赖于评估逻辑表达式，它降低了搜索空间的复杂度。

启发就是有所选择地搜索问题空间的策略，它引导搜索沿高成功概率的路线前进，避免做多余的或明显愚蠢的行为。启发是人工智能研究的中心问题之一，也是计算机博弈的基础。

启发式搜索就是在状态空间中对每一个搜索的位置进行估价，得到最好的位置，再从这个位置进行搜索，直到达到目标。这样可以省略大量无谓的搜索路径，提高效率。在启发式搜索中，对位置的估价是十分重要的。采用不同的估价可以有不同的效果。

在计算机博弈程序设计过程中，通常需要从博弈树中搜索出最佳位置，搜索的方法通常有两种：一种是深度优先的搜索方法，一种是宽度优先的搜索方法。

在深度优先搜索中，搜索过程是尽可能地向搜索空间的更深层次进行，只有在找不到状态（或最佳位置）时，才会搜索它的兄弟节点。对于图2-3所示的博弈树来说，深度优先的搜索顺序是A、B、E、K、S、L、T、F、M、C、G、N、H、O、P、U、D、I、Q、J、R。

宽度优先的搜索方法与深度优先的搜索方法正好相反，宽度优先的搜索方法是一层一层地搜索空间，只有在给定的层上不再存在要搜索的状态时，才转移到下一个更深的层次。对于图2-3所示的博弈树来说，宽度优先的搜索顺序是A、B、C、D、E、F、G、H、I、J、K、L、M、N、O、P、Q、R、S、T、U。

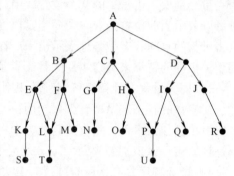

图2-3 博弈树示例

宽度优先搜索在搜索分析第$n+1$层之前必然先分析第n层的所有节点，因此，宽度优先搜索找到的目标节点的路径总是最短的。对于一个有简单解的问题，宽度优先的搜索方法能够保证发现这个解，但是，如果存在一个不利的分支因子，也就是各个状态都有相对很多个后代，那么组合爆炸可能使算法无法在现有可用内存的条件下找到解。

深度优先的搜索方法可以迅速地深入搜索的空间。如果已知解路径很长，那么深度优先搜索不会浪费时间来搜索大量"浅层"状态。但是，深度优先搜索可能在深入空间后，失去了达到目标的更短路径，或者陷入不能达到目标的无限长路径。通常，对于具有很多分支的空间，深度优先搜索方法可能具有更高的效率。

平衡深度优先搜索和宽度优先搜索的一个较好的折中方法是对深度优先搜索使用一个界限，一旦搜索到某个层次，深度界限就强制停止对这条路径的搜索，形成了一种对某个搜索空间的"横扫"。这种思想产生的算法弥补了深度优先搜寻和宽度优先搜索算法的不足。在1987年，Korf提出了迭代加深的深度优先搜索算法，即对空间进行深度界限为1的深度优先搜索，如果找不到目标，再进行深度界限为2的深度优先搜索，这样继续下去，每次将深度界限加1，在每一次迭代中，算法执行一次当前深度范围内的完全深度优先搜索，在两次迭代之间不保存任何状态空间信息。这种算法虽然弥补了深度优先搜索和宽度优先搜索各自的缺点，但由上面的过程可以看出，其搜索过程所需要搜索的量也会有一定程度的增加。

2.1.3 递归

递归（Recursive）是数学和计算机科学中的一个基本概念。递归的广义定义是一种直接或间接引用自身的定义方法。在编程语言中，递归可以简单地定义为程序的自我调用。递归程序不能总是自我调用，否则程序永远不会终止。因此，一个合法的递归应包含两部分：基础情况和递归部分。基础情况是指递归对象的表现形式；而递归部分是指递归的条件和方法，在递归的条件中必须有一个终止条件以避免递归进入无限循环。

递归算法就是通过解决同一个问题的一个或多个更小的实例最终解决一个大问题的算

法，即直接或间接调用自身的算法。递归与博弈树的以递归方式定义的结构的研究是互相重合的，研究递归有助于帮助解决博弈树的搜索的研究。

以递归定义的一个典型例子是斐波那契（Fibonacci）数列。它的定义可递归表示为

$$\begin{cases} F_0 = 0, \quad F_1 = 1 \\ F_n = F_{n-1} + F_{n-2} \quad n > 1 \end{cases} \tag{2-1}$$

根据这一定义，可以得到一个无穷数列 0，1，1，2，3，5，8，13，21，34，55，…，这个数列就称为斐波那契数列。斐波那契数列产生于 12 世纪，一直到 18 世纪才由 A. De. Moivre 提出了它的非递归形式，在 12 世纪到 18 世纪之间，人们只能以递归的形式来计算斐波那契数列。斐波那契数列的非递归形式表示为

$$F_n = \frac{1}{\sqrt{5}} (\phi^n - \hat{\phi}^n)$$

其中，$\phi = \frac{1}{2}(1 + \sqrt{5})$，$\hat{\phi} = 1 - \phi$。

根据斐波那契数列的递归定义，可以很容易地写出计算 F_n 的递归算法。将该过程设计成一个函数，可以用伪码描述如下：

```
01    function long Fib(long n)
02    {
03        if(n <=1)
04            return n
05        else
06            return Fib(n-2)+Fib(n-1)
07    }
```

函数 Fib(n) 中又调用了 Fib(n-2) 和 Fib(n-1)，这种在函数体内调用自己的做法称为递归调用，包含递归调用的函数称为递归函数。编译器是利用系统栈来实现函数的递归调用的，系统栈是实现递归调用的基础。

可以用递归树的方法来描述上述函数 Fib() 执行的调用关系，这里以 Fib(5) 为例，其执行过程可以用图 2-4 所示的递归树来表示。

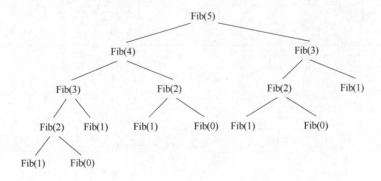

图 2-4   计算 Fib(5) 的递归树

由图 2-4 可见，Fib(5) 的计算过程为：Fib(5) 需要分别调用 Fib(4) 和 Fib(3)，Fib

（4）需要分别调用 Fib(3) 和 Fib(2)，Fib(3) 又需要分别调用 Fib(2) 和 Fib(1)……其中 Fib(0) 被调用了 3 次，Fib(1) 被调用了 5 次，可见使用递归在许多工作上是重复的，当然这也是费时的。

上述的递归过程符合递归的两个基本条件：每一次递归调用必须包含更小的参数值；同时，当 n≤1 时终止递归调用，即满足了递归调用必须有一个终止条件。

2.1.4　回溯

回溯（Backtracking）是一种系统搜索问题解的方法，在搜索过程中先列出所有候选解，然后依次检查每一个候选解，在检查完所有或部分候选解之后，即可找到所有或部分候选解。回溯法是常用的搜索候选解的方法。

为了实现回溯，首先要定义一个解的空间，在这个空间中至少包含问题的一个解，一旦定义了解的空间，在这个空间中就可以按照深度优先的方法从开始节点进行搜索。回溯算法的实现步骤如下：

1）定义一个解空间，它包含问题的解。

2）用适合搜索的方法组织该空间。

3）用深度优先的方法搜索该空间，利用界定函数避免移动不可能产生解的子空间。

回溯算法的特点是在搜索过程中就可能产生解空间，在搜索期间的任何时刻只保留从开始节点到当前节点的路径。回溯算法求解过程的本质就是遍历一颗"状态树"的过程，这颗状态树隐含在遍历过程中。回溯法的基本思想是从一条路往前走（沿着一个方向前进），能进则进，不能进则退回来，换一条路再试，直到找到符合条件的位置就可以了。下面以迷宫问题为例来说明回溯算法。

迷宫是一个矩形区域，它有一个入口和一个出口，迷宫的入口位置为左上角，迷宫的出口位置为右下角，迷宫内部不能穿越障碍物或墙，障碍物沿着行和列放置，它们与迷宫的边界平行。图 2-5a 所示是 10×10 的迷宫，图 2-5b 所示是迷宫的矩阵表示。

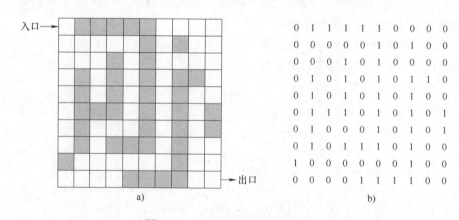

图 2-5　10×10 迷宫及其矩阵表示

为了能够更加简单地描述回溯过程，用图 2-6 所示的 3×3 的迷宫来说明搜索的过程，其中位置数据用 maze(n, m) 表示。图 2-6a 是要搜索的迷宫，搜索过程从节点 maze(1, 1) 开始，它是一个活节点或 E-节点（Expansion-node），为了避免再次走到该节点，将 maze(1, 1)

置为 1；从这个位置可以移动到 maze(1, 2) 或 maze(2, 1) 两个位置，因为此时两个位置的值都为 0，假定选择移动到 maze(1, 2)，maze(1, 2) 被置为 1 以避免再次经过该点，此时迷宫的状态变为图 2-6b，maze(1, 2) 也变为 E- 节点；从 maze(1, 2) 出发有三个可能移动的方向，其中两个节点的值为 1，是不可以往该方向移动的，因此只剩下 maze(1, 3) 一个节点可以移动，移动到该位置，同样将该位置的值设为 1；但是从这个位置出发没有可以移动的方向，所以这个 E- 节点 maze(1, 3) 死亡了；回溯到最近被检查的节点 maze(1, 2)，这个位置也没有可能的移动，故这个节点也死亡了；唯一留下的活节点是 maze(1, 1)，这个节点再次变为 E- 节点，它可以移动到 maze(2, 1)，现在活节点为 maze(1, 1)、maze(2, 1)。继续下去，能够到达 maze(3, 3)，此时的活节点表为 maze(1, 1)、maze(2, 1)、maze(3, 1)、maze(3, 2)、maze(3, 3)，这就是走出迷宫的路径。

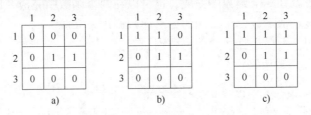

图 2-6 3×3 迷宫搜索示意图

由上面的搜索过程可以看出，回溯算法实际上采用的是深度优先的搜索策略，从根节点出发搜索解的空间树的任意一个节点时，总是先判断这个节点是否包含问题的解，如果肯定不包含，则跳过该节点，逐步向祖先节点回溯，否则就进入该子树继续按深度优先的策略进行搜索。回溯算法的终止条件是已经找到了答案或回溯尽了所有的活结点，搜索过程就结束了。

2.2 常用搜索算法与示例

搜索算法是计算机博弈一个重要的组成部分，常用的搜索算法包括极大极小算法、α-β 剪枝算法、历史回溯算法等。本节主要介绍一些常用的搜索算法，在后续的示例中会结合目前一些较为先进的搜索算法进行讲解。

2.2.1 极大极小算法

极大极小算法是计算机博弈游戏设计中最为容易理解的算法，它的基本策略是：考虑双方对弈若干步之后，从可能的步子中选择一步相对好的走法来走，即在有限的搜索深度范围内进行求解。

定义一个静态估值函数 $f()$，以便对棋局的形势做出优劣评估，规定：

1）MAX 和 MIN 代表对弈双方。

2）p 代表一个棋局（即一个状态）。

3）有利于 MAX 的态势，$f(p)$ 取正值，有利于 MIN 的态势 $f(p)$ 取负值，态势均衡 $f(p)$ 取零值。

极大极小的基本思路为：当轮到 MIN 走步时，MAX 应考虑最坏的情况（即 $f(p)$ 取极小值），当轮到 MAX 走步时，MAX 应考虑最好的情况（即 $f(p)$ 取极大值），评价往回倒推时，相应于两位棋手的对抗策略，交替使用取值方法来传递倒推值。

向上的值传递原则：若父状态在 MIN 层，那么孩子层的最小值传递上去，若父状态在 MAX 层，那么孩子层中的最大值被传递上去。

目前，许多搜索算法都是从极大极小算法发展而来，下面通过一个示例解释极大极小算法的概念。

假设甲和乙在玩一个游戏，不知道游戏具体的规则，但知道游戏的状态，甲在游戏过程中希望获得尽可能多的"分值"，即使自己的"分值"最大化，而乙在游戏过程中则希望使甲的"分值"最少，即最小化。游戏是如何进行的呢？甲要选择的下法是使游戏过程中"分值"最大，而乙则相反，这就是游戏过程中的极大极小问题，也就是极大极小（Mini Max）算法。

极大极小算法可以在一个函数中完成，也可以在两个函数中完成，即一个为计算极大值函数，一个为计算极小值函数，用回溯的方法递归调用来完成。

采用两个函数的极大极小算法的伪码分别如下：

（1）计算极大值函数伪码

```
01  function max-value(state,depth)
02  {
03      if(depth = =0):
04          return value(state)
05      endif
06      v =-infinite
07      for each s in SUCCESSORS(state):
08          v = MAX(v,min-value(s,depth-1))
09      return v
10  }
```

（2）计算极小值函数伪码

```
01  function min-value(state,depth):
02  {
03      if(depth = =0):
04          return value(state)
05      endif
06      v = infinite
07      for each s in SUCCESSORS(state):
08          v = MIN(v,max-value(s,depth-1))
09      return v
10  }
```

其中，state 表示状态，depth 表示深度，infinite 表示极大值。上述算法的过程通过 depth 来控制搜索的深度，从而达到控制计算时间的效果。上述算法是典型的深度优先搜索算法，在目前的计算机博弈领域应用相当广泛。

通过博弈树可以描绘上述的极大极小的搜索过程，如图 2-7 所示是一个简单的搜索过程示意图。

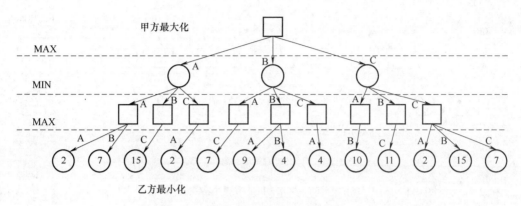

图 2-7　搜索过程示意图

节点的价值表示所经过的路径产生的价值，甲方先走棋时要选择可以到达价值最大节点的路径，但他也知道下一步是己方走棋，而乙方会尽力下出使他达到价值最小节点的路径，因此，需从底部递归填充节点的价值，如图 2-8 ~ 图 2-10 所示。

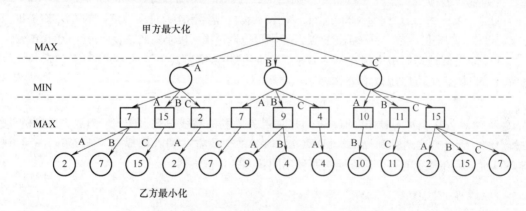

图 2-8　价值填充示意图（1）

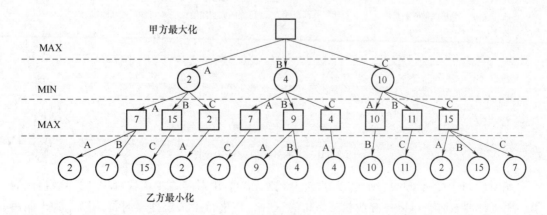

图 2-9　价值填充示意图（2）

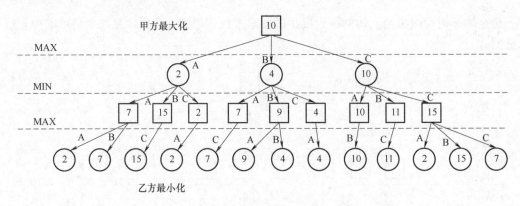

图 2-10　价值填充示意图（3）

由以上示意图可以看出，如果甲方先走棋则应选择 C。

博弈树假设游戏者都是合理选择节点的，或者说游戏者会选择最优节点，如果乙方在走棋的时候不按照常理进行，那没有什么关系，对于甲方来说只会获得更佳的结果。

考虑如下的情况：如果甲方选择了 C；下一步乙方为了能使甲方的"分值"最小，则会选择 A 作为选择的路径；然后，再下一步甲方则会选择 B。与最大值 15 相比 10 是甲方可以获得的最佳的结果，同样，对乙方来说他也已经做了最好的选择。

因此，对于与上述过程类似的游戏可以用博弈树（博弈树中有许多节点）的方法来解决，节点则通过相应的估值函数进行赋值，而游戏者则可以通过极大极小策略来找到最优化的策略。

为了能更好地理解极大极小搜索算法，下面以井字旗游戏来说明整个应用过程。对井字旗游戏节点的评估可以用以下公式表述：

$$E(n) = M(n) - O(n) \tag{2-2}$$

其中，$E(n)$ 为状态 n 的总评价值，$M(n)$ 为己方胜利的路线总数，$O(n)$ 为敌方胜利的路线总数。假设若己方达到胜利局面，则 $E(n) = 100$；若敌方达到胜利局面，则 $E(n) = -100$。图 2-11 所示为在其中的一个搜索层次两种不同状态的估值方法。

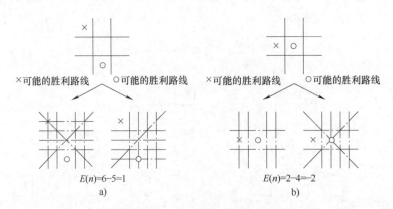

图 2-11　井字棋估值方法示意图

在图 2-11 中，点画线表示可以赢棋的线路，由于井字棋游戏具有对称性，如在开始后第一层进行搜索时，可以将游戏状态简化为三种，在进行第二层搜索时可以简化为十二种，如图 2-12 所示。

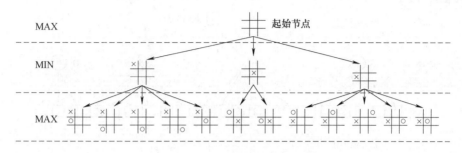

图 2-12　第一次搜索状态示意图

对相应节点进行估值后的结果如图 2-13 所示。

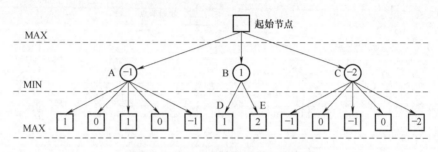

图 2-13　第一次搜索节点估值示意图

　　图 2-12 和图 2-13 是开局后向下两层进行的搜索和估值。由图 2-13 可知，MAX 方的理想节点为 B，MIN 方仅有 D、E 节点可以选择，假设 MIN 方选择节点 E，则 MAX 方进行第二次搜索，其搜索状态如图 2-14 所示。

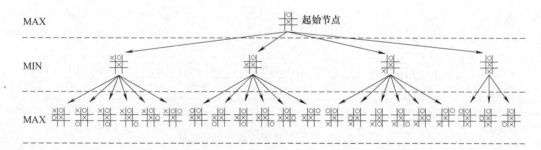

图 2-14　第二次搜索节点状态示意图

　　对应节点进行估值后的结果如图 2-15 所示。

　　经过第二次搜索之后，MAX 方的理想节点为 C，由于 MAX 方选择 C，则对 MIN 方有 E~J 节点可作为选择节点，假设 MIN 方选择了 J，则 MAX 方进行第三次搜索，其搜索状态如图 2-16 所示。

　　对应节点进行估值后的结果如图 2-17 所示。

　　第三次搜索之后，MAX 方只有节点 A 可选，其他节点都会导致 MIN 方直接获胜；在 MAX 方选择 A 节点后，MIN 方无论选择 A 节点下的任意一个节点都会导致 MAX 方获胜。至此，搜索结束。

　　极大极小搜索算法由于搜索的深度有限，容易受到"特别好"的状态引诱，从而受到

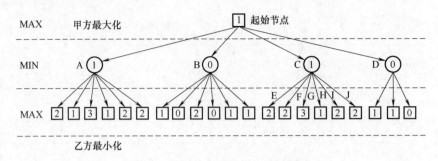

图 2-15　第二次搜索节点估值示意图

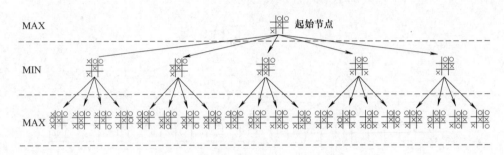

图 2-16　第三次搜索节点状态示意图

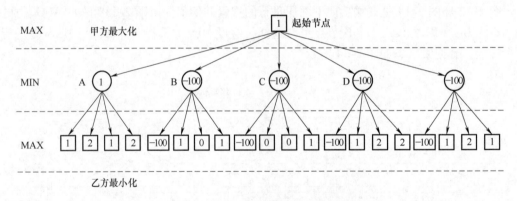

图 2-17　第三次搜索节点估值示意图

沉重的打击，这就是"地平线"效应，在有限的深度或固定的深度进行搜索时所做出的评估完全可能是误导性的，因此，当把一个启发用于有限深度的预判时，在这个预判深度内无法探测出一个有希望的路径是否会在以后的博弈中产生坏的结果。而对进一步深度的预判则通常会受到计算机资源的约束。

极大极小搜索算法对一些"无价值"节点的数据也未进行处理，致使数据存在大量冗余，使计算机的资源得不到有效利用，并成为提高搜索深度的障碍，在后续介绍的算法中对极大极小算法进行了相应的改进。

2.2.2　用极大极小法实现井字棋游戏

本小节将介绍用极大极小算法设计井字棋游戏的完整实现过程，为后续的游戏实现做准备。后续游戏的基本实现方法可以通过在此基础上进行相应的改造来完成，同时也可以根据游戏的基本原理进行图形化设计，使游戏参与者有更好的感观体验。

下棋过程可用伪码描述如下：

```
01  Create an empty Tic-Tac-Toe board
02  Display the game instructions
03  Determine who goes first
04  Display the board
05  While nobody's won and it's not s tie
06      If it's the human's turn
07          Get the human's move
08          Update the board with human's move
09      Other wise
10          Calculate the computer's move
11          Update the board with the computer's move
12      Display the board
13      Switch turns
14  Congratulate the winner or declare at tie
```

井字棋游戏的实现流程如图 2-18 所示。

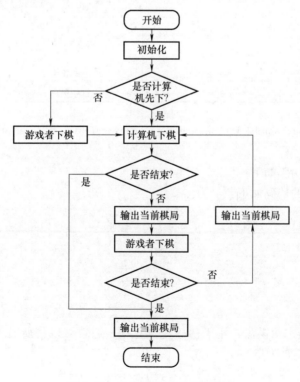

图 2-18 井字棋游戏实现流程图

其中，初始化包括初始化棋盘和设置搜索的深度等，结束的判断条件包括是否产生输赢结果或者棋盘是否下满，而计算机下棋则包括搜索可下的位置、估值、选择下棋的位置、下棋等。

上述流程中实现计算机下棋的 UML（Unified Modeling Language，统一建模语言）模型如图 2-19 所示。

UML 是一个支持模型化和图形开发的语言，它提供了大量的图表表示方法，被广泛应用于系统和软件层次的分析和设计，UML 的类图能很方便地表达类的内部结构以及类与类之间的关系。UML 模型是目前描述软件结构的主要方法之一，在后续章节中主要采用 UML 类图来描述软件的基本结构。

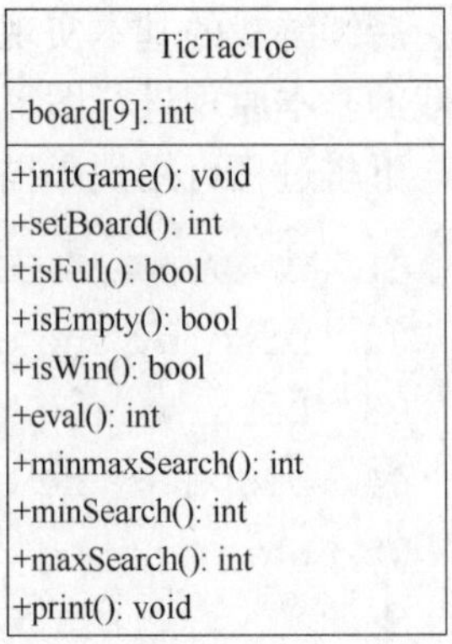

计算机下棋的 UML 模型中各个函数的功能见表 2-1。

TicTacToe
−board[9]: int
+initGame(): void
+setBoard(): int
+isFull(): bool
+isEmpty(): bool
+isWin(): bool
+eval(): int
+minmaxSearch(): int
+minSearch(): int
+maxSearch(): int
+print(): void

图 2-19　计算机下棋
的 UML 模型

表 2-1　函数功能表

initGame( )	初始化棋盘
setBoard( )	设置棋盘，根据下棋方更改棋盘
isFull( )	判断棋盘是否已满
isEmpty( )	判断棋盘是否为空
isWin( )	判断是否已分输赢
eval( )	对当前棋局进行估值
minmaxSearch( )	极大极小搜索
minSearch( )	极小搜索
maxSearch( )	极大搜索
print( )	打印棋盘

其中，函数 minmaxSearch( )、minSearch( )、maxSearch( ) 和 eval( ) 相结合来完成计算机方选择下棋位置的过程。

各个主要函数的伪码如下：

初始化棋盘函数的伪码如下：

```
01   function initGame()
02   {
03       for i:0 to 9
04           board[i]=BOARD[i]
05   }
```

其中，BOARD 为常量棋盘，用于初始化棋盘用，通常可以将所有 BOARD [i] 值设为 0 或 null 来表示当前棋盘为空。

在本例程序中，棋盘采用了一维数组来表示，即 board [9]。

设置棋盘的函数主要将棋盘位置的值改变为下棋方的值，同时将棋盘更新。棋盘设置函数的伪码如下：

```
01   function setBoard(int i,int player)
02   {
03      if board[i]==null
04          then board[i]=player
05          return 0;              //棋盘设置成功
06      else if board[i]!=null
07          then return -1
08      endif
09   }
```

判断棋盘是否已满的函数的作用是判断棋盘是否还有可以下棋的位置，采用的方法是：扫描整个棋盘，检查是否还有可以下棋的位置，如果有返回 false，如果没有则返回 true。该函数的伪码如下：

```
01   function isFull()
02   {
03      for i:0 to 8
04          if board[i]==null
05              then return false
06          endif
07      return true
08   }
```

判断棋盘是否为空的函数的作用是检查棋盘上的所有位置是否都为空，如果棋盘上有位置不是空则返回 false，否则返回 true。该函数的伪码如下：

```
01   function isEmpty()
02   {
03      for i: 0 to 8
04          if board[i]!=null
05              then return false
06          endif
07      return true
08   }
```

判断赢棋与否的函数是通过估值函数返回的值来确定是否有一方赢棋，如果棋盘已经下满且没有一方赢棋时返回平局。该函数的伪码如下：

```
01   function isWin()
02   {
03      if eval()== +INFINITY
04          then return man win
```

```
05      else if eval() ==-INFINITY
06          then return computer win
07      else if isFull()
08          then return DRAW//平局
09      else return
10      endif
11   }
```

伪码中的 INFINITY 表示的是一个足够大的值，当前棋盘若有对手直接赢棋的局面则返回 +INFINITY，若计算机方能够直接赢棋则返回 −INFINITY，该值具体大小可根据局面价值的评估体系来确定。例如，下棋过程中一般的估值大小以十位数计算，那么该值可以定为1000，即要与基本的估值大小有明显的区别，易于计算机判别。

估值函数是通过扫描棋盘的状态给出当前局面的价值，具体的内容根据估值方法来确定。下面的估值采用的是根据前述井字棋的估值方法来实现的，估值函数的伪码如下：

```
01   function eval()
02   {
03      int temp[9]={0}
04      for i: 0 to 8
05      temp[i]=board[i]
06      int win=0
07      int lose=0
08      for i: 0 to 8
09          int sum=0
10          for j: 0 to 2
11              sum += temp[line[i][j]]
12          if(sum==3)
13              then return MAX = +INFINITY
14          else if(sum==-3)
15              then return MIN =-INFINITY
16          else if(-3<sum<0)
17              then lose ++
18          else if(0<sum<3)
19              then win ++
20          endif
21      return win-lose
22   }
```

该估值函数使用的估值方法是 $E(n)=M(n)-O(n)$。这个估值函数仅仅是个示例，实际上还有比这种方法更为有效的评估方法，在棋力上要强于上述的估值函数。

极大极小搜索算法的伪码如下：

```
01   function minimaxSearch(int depth)
02   {
03       int bestMoves[9] = {0}
04       index = 0
05       int bestValue = - INFINITY
06       if(depth == 0 and isFull())
07           then return eval()
08       else
09           for pos:0 to 8
10               if(board[pos] == NULL)
11                   then board[pos] = MAX      //生成下棋局面
12                   int value = minSearch(depth-1)
13                   if(value > bestValue)
14                       then bestValue = value
15                       int index = 0
16                       bestMoves[index] = pos
17                   else if(value == bestValue)
18                       then bestMoves[ ++ index] = pos
19                   endif
20                   board[pos] = NULL          //恢复棋盘
21               endif
22       endif
23       return bestMoves[index]
24   }
```

其中，minimaxSearch()调用了minSearch()和maxSearch()（在minSearch()中调用了maxSearch()），将函数分解成两部分更有助于对搜索过程的理解。

搜索极大值算法的伪码如下：

```
01   function maxSearch(int depth)
02   {
03       int bestValue = - INFINITY
04       if(depth == 0 and isFull())
05           then return eval()
06       else
07           int value
08           for pos: 0 to 8
```

```
09              if(board[pos]==NULL)
10                  then board[pos]=MAX
11                  value=minSearch(depth-1)
12                  if(value>bestValue)
13                      then bestValue=value
14                  endif
15                  board[pos]=NULL
16              endif
17      endif
18      return bestValue
19  }
```

搜索极小值算法的伪码如下:

```
01  function minSearch(int depth)
02  {
03      int bestValue = + INFINITY
04      if(depth==0 and isFull())
05          then return eval()
06      else
07          int value
08          for pos: 0 to 8
09              if(board[pos]==NULL)
10                  then board[pos]=MIN
11                  value=maxSearch(depth-1)
12                  if(value<bestValue)
13                      then bestValue=value
14                  endif
15                  board[pos]=NULL
16              endif
17      endif
18      return bestValue
19  }
```

在极大极小搜索、极大搜索和极小搜索的过程中都使用了下面的代码:

board［pos］=NULL

这行代码的作用是在回溯过程中将当前棋局还原,这个还原过程实际上是沿着可能的最佳下法向上还原棋盘,最终得到当前棋局的最佳位置的棋盘表示。

打印棋盘函数的伪码如下:

```
01  function print()
02  {
03      for i: 0 to 8
04          if(i%3==0)
05              then print'\n'
06          endif
07          if(board[i]==NULL)
08              then print'-'
09          endif
10          if(board[i]==MAX)
11              then print'x'
12          endif
13          if(board[i]==MIN)
14              then print'o'
15          endif
16      print'\n'
17  }
```

　　由于在本示例中采用了一维数组来表示棋盘，因此在打印棋盘的过程中采用了每打印三个数据后就换行，这样就保证了棋盘的正常显示。根据实际需要也可以采用二维数组，将数据定义成 board［3］［3］，上述过程稍加修改即可。

　　本示例的伪码可以根据实际编程语言转换成具体的程序，各个函数也可以根据具体设计来实现，并且可以根据实际情况附加其他相关的功能来丰富其功能。本例伪码是在控制台下实现进行设计，读者可以根据实际情况转化成可视界面来完成。

2.2.3 α-β 剪枝算法

　　α-β 剪枝（Alpha-Beta Pruning）算法源于极大极小算法。例如，对于 36^{40} 这样大的搜索数据采用极大极小搜索算法显然在搜索深度上受到极大的限制，对游戏局面很难进行深层次的评估，对很多节点再进行更深层次的搜索是没有太大的意义的，甲方可能仅关心对他有价值的节点的分支，而有些节点的分支并不需要进一步考虑。那么，采用什么方法来避免搜索所有的节点呢？

　　在图 2-20 中，甲方需要对第二层的三个节点进行估值，为方便起见，节点的估值通常从左到右进行，那么，首先甲方要获得最左边节点的估值，由于这是第一次进行估值，因此没有什么捷径，要搜索左端路径的所有（或根据设置的深度）节点的估值，在对左侧分枝搜索后得到最佳估值为 5，那么，把它移到上一层分枝。但是，下一层要轮到乙方下棋，而乙方会尽力使甲方最大化地变小，即使其最小化，在图 2-20 中的最底层第四个节点，在返回上一层时，其节点的值为 4，小于 5，这样对其后的节点已经没有必要再进行估值。α-β 剪枝算法的主要目的是在搜索过程中将一些无用的节点删除，并不再进行估值，以达到降低搜索和估值量的目的。

α-β 剪枝算法伪码如下：

```
01   function alphabeta(node,depth,α,β,Player)
02   {
03      if depth=0 or node is a terminal node
04         return the heuristic value of node
05      endif
06      if Player=MaxPlayer
07         for each child of node
08            α:=max(α,alphabeta(child,depth-1,α,β,not(Player)))
09            ifβ<=α
10               break                  //Beta 剪枝
11            endif
12         return α
13      else
14         for each child of node
15            β:=min(β,alphabeta(child,depth-1,α,β,not(Player)))
16            if β<=α
17               break                  //Alpha 剪枝
18            endif
19         return β
20      endif
21      //Initial call
22      alphabeta(origin,depth,-infinity,+infinity,MaxPlayer)
23   }
```

上述的 α-β 剪枝算法采用的是在一个函数内完成相应的功能，与极大极小算法类似，也可以采用将函数分割的方法来完成。

α-β 剪枝算法可以用图2-20进行说明。

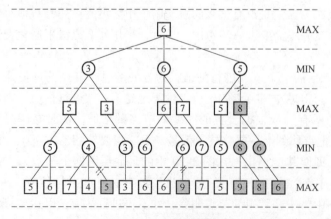

图 2-20 α-β 剪枝示意图

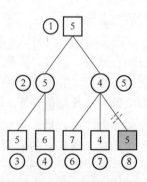

图 2-21 剪枝说明示意图

图 2-20 为搜索深度为 4 的 α-β 剪枝算法，图中灰色部分为剪枝过程中被剪掉的部分，计算的方法采用的是深度优先。图 2-21 为图 2-20 中左下部分剪枝的说明示意图。

图 2-21 所示的剪枝过程如下：假设初始时其值均为空，并从一侧进行搜索，从左侧开始搜索，当搜索到节点号为③的节点时达到搜索深度，此时对节点③进行估值，得到估值结果为 5；返回到节点②，此时节点②的值为 5；以节点②为基础再搜索节点②的分枝，得到节点④，并进行估值，得到结果为 6；返回节点②并与节点②的值进行比较，节点②为 MIN 层，因 6 大于 5，故其值仍为 5；由于节点②下已无其他节点，故返回到节点①，并将节点①的值设为 5；由节点①出发向下搜索其他节点，此时由节点⑤搜索到节点⑥，达到搜索深度，对节点⑥进行估值得到结果为 7，并将结果返回给节点⑤，则此时节点⑤的值为 7；由于该层为 MIN 层，并有 7 大于 5，其上一层为 MAX 层，则还需要对节点⑤下的其他分枝进行搜索，得节点⑦，对节点⑦进行估值，得其值为 4；返回上一层与节点⑤原来的值进行比较，由于 4 小于 7，故节点⑤的值修正为 4；与节点②进行比较，由于 4 小于 5，则没有必要对节点⑤下面的其他分枝再进行估值，直接返回到节点①；由于 4 小于 5，故节点①的值仍为 5。图 2-21 中的其他剪枝节点的计算过程与上述过程的基本原理相同。

该段是对 α-β 剪枝算法的具体运算过程的描述，有利于更好地理解 α-β 剪枝算法。目前，大多数的计算机博弈游戏的搜索算法都是以 α-β 剪枝算法为基础，在其上进行改造和优化得来的。

将第 2.2.2 小节介绍的极大极小搜索算法改为 α-β 剪枝算法将有效提高搜索效率。

2.2.4 期望搜索算法

在国际计算机博弈锦标赛和中国大学生计算机博弈大赛暨中国锦标赛中都引入了不完备信息（或不完全信息）游戏的博弈，例如幻影围棋、2012 年新引进的军棋和爱恩斯坦棋都属于不完备信息的博弈。

不完备信息博弈是指在博弈过程中对对手的信息不能完全了解或了解得不够准确。例如，军棋就属于不完备信息类的博弈游戏，计算机博弈中的军棋的下棋规则与一般军棋的下棋规则相同（规则见附录 A），在下棋过程中下棋双方并不知道对手的具体布局情况，博弈双方可以根据自己的经验进行布局，只有当司令被对方"消灭"时才向对方出示军棋所在的位置，但并不显示其他棋子所在的位置。爱恩斯坦棋则是在下棋过程中并不能确定下一步棋对方应该下在哪一个位置，具体的位置需要根据掷骰子得到的数字来确定下棋棋子的编号。这类游戏不能采用上述的搜索算法来进行搜索，目前比较适合的方法是期望极大极小（Expect Minimax）法。

期望极大极小算法是极大极小算法的变种，在搜索过程中引入了概率，克服了不完备信息博弈中的概率问题。图 2-22 所示为期望极大极小算法的示意图。

在图 2-22 所示的期望极大极小算法中，极大层（MAX）的结果来自概率（CHANCE）节点，而概率节点的结果来自极小层（MIN），这个过程类似于极大极小搜索。它具有以下几个特点：

1）极大节点是期望极大极小的下一层返回的最大值。

2）极小节点是期望极大极小的下一层返回的最小值。

3）概率节点是期望极大极小的下一层返回的期望平均值。

对于第 3）点，可以用如下方式计算：

$$Value(n) = \sum P(s)\, ExpectMiniMaxValue(s) \tag{2-3}$$

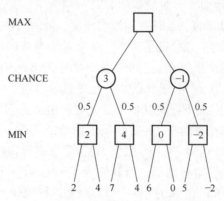

图 2-22　期望极大极小算法示意图

式中，n 表示概率节点，s 表示节点 n 的所有下一层节点。

期望极大极小算法通过对下一步棋的不确定性的预测来解决搜索过程的估值问题，将不确定性的问题转换为一个可以计算量化的问题，这样可以使搜索过程正常进行。期望极大极小算法的伪码如下：

```
01  function expectiminimax(node,depth)
02  {
03      if node is a terminal node or depth = 0
04          return the heuristic value of node
05      if the adversary is to play at node
06          //Return value of minimum-valued child node
07          let α: = +∞
08          foreach child of node
09              α: = min(α,expectiminimax(child,depth-1))
10      else if we are to play at node
11          //Return value of maximum-valued child node
12          let α: = -∞
13          foreach child of node
14              α: = max(α,expectiminimax(child,depth-1))
15      else if random event at node
16          //Return weighted average of all child nodes' values
17          let α: = 0
18          foreach child of node
19              α: = α + (Probability[child] * expectiminimax(child,depth-1))
20      return α
21  }
```

爱恩斯坦棋是使用期望极大极小搜索算法的比较典型的例子，下面就以爱恩斯坦棋为例来说明 CHANCE 节点的问题。爱恩斯坦棋下棋规则详见附录 A。

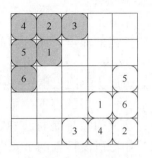

爱恩斯坦棋的棋盘界面如图 2-23 所示。

爱恩斯坦棋的布局是由下棋方自己确定，具体下哪个棋子是通过掷骰子来确定的，对手无法准确猜测。在爱恩斯坦棋中占领对方角点是一种取胜的手段，而对局面的估值的一种常用的方法是计算到对方角点的距离，即需要多少步才能到达对方的角点，此时是无法直接计算的，就需要考虑通过

图 2-23　爱恩斯坦棋的棋盘界面

CHANCE 节点问题来解决。以计算黑方为例，图 2-23 中的距离和出现的概率见表 2-2。

表 2-2　黑棋距离及出现的概率计算表

	1	2	3	4	5	6
$r(s_i)$	3	4	4	5	4	4
$p(s_i)$	1/6	1/6	1/6	1/6	1/6	1/6

计算 $value = \sum r(s_i) \times p(s_i) = 24/6$，得到黑棋占领对方角点的期望距离。

上面计算的 CHANCE 节点问题是每个棋子都有可能下棋的情况，在某些棋子被吃掉的情况下还需进一步考虑其他因素。

图 2-24 中显示了两种局面。在图 2-24a 中，很显然无论掷骰子得到什么数都只能移动 4 号黑棋，因此很容易计算得到它的价值为 4；而对于图 2-24b，棋局残留 2 个棋子，棋子 1 和棋子 6，当骰子掷出 1 和 6 时，则必须移动对应的棋子，当骰子掷出 2、3、4、5 时，由于棋子 1 离角点的距离为 1，而棋子 6 离角点的距离为 2，因此移动棋子 1，计算得到：$value = 5/6 \times 1 + 1/6 \times 2 = 7/6$。

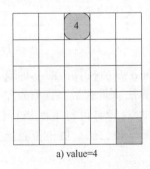
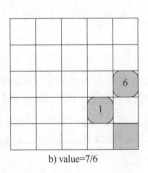

a) value=4　　　　　　　　b) value=7/6

图 2-24　爱恩斯坦棋计算价值示意图

上述两例说明了爱恩斯坦棋的 CHANCE 节点的计算方法，其他类似的棋种也可以根据上述过程来分析与计算 CHANCE 节点，不同的棋种需根据相应的规则和下棋的方法和技术来计算，以获得最佳的搜索估值方法。

2.2.5　迭代加深

迭代加深算法是 α-β 剪枝算法的一种改进版，主要用于有效利用计算机的"下棋"时间。

在博弈游戏中，搜索深度会直接影响搜索的效果，一般采用的方法是在开始阶段就确定搜索的深度，而不同的游戏在进行过程中所需搜索的节点会随着游戏的进展而发生变化。

例如，中国象棋在下棋过程中，随着"吃子"的进行，棋盘的棋子会逐渐变少，那么，所产生的可下位置也会变少，在相同的搜索层次下，所需搜索的节点同样会减少，造成的结果是每步棋的搜索时间会变少。又如，亚马逊棋（第3章将详细介绍）在开始时所需搜索的节点非常多，仅第一层就会产生2000多个可下节点，但随着"障碍"的设置，可下位置将急剧减少，往往会产生第一步棋下棋所需时间会非常长，而后面下棋所需的时间则非常短。因此，在类似这类游戏的设计过程中就需要考虑如何有效利用时间。

假如在游戏开始时，搜索层次只设置为一层，如果还有时间则再进行下一层搜索，依此类推，从而控制游戏的进行。采用这种方法能有效利用时间来控制搜索的层次。这种搜索方法称为迭代加深。

迭代加深的伪码如下：

```
01   for(depth =1;;depth ++)
02   {
03       val =AlphaBeta(depth,- INFINITY,INFINITY);
04       if(TimedOut())
05       {
06           break;
07       }
08   }
```

代码行的第4行为时间检测，用于控制搜索时间。当然，也可以将时间检测添加到 α-β 剪枝算法，用于控制 α-β 剪枝算法的深度来提高搜索效果。

2.2.6 PVS 算法

PVS(Principal Variation Search) 算法也是对 α-β 剪枝算法的一种改进，它的主要思想是在第一层搜索时找到最佳位置，那么 α-β 剪枝算法就具有最高搜索效率。

采用 PVS 搜索算法需要在进行第一层搜索时对所有可行下法进行估值并获得其中估值最高的位置，并将该位置置于所有可下位置的第一位，然后以该位置为基础进行搜索。

PVS 算法的伪码如下：

```
01   int alphabeta(int depth,int alpha,int beta)
02   {
03       move bestMove,current;
04       if(gameOver()||depth ==0)
05       {
06           return eval();
07       }
```

```
08    move m = firstMove;
09    makeMove m;
10    current = -alphabeta(depth-1,-beta,-alpha);
11    unMakeMove m;
12    for(other move m)
13    {
14        makeMove m;
15        score = -alphabeta(depth-1,-beta,-alpha);
16        if(score > alpha && score < beta)
17        {
18            score = -alphabeta(depth-1,-beta,-alpha);
19        }
20        unMakeMove m;
21        if(score >= current)
22        {
23            current = score;
24            bestMove = m;
25            if(score >= alpha)
26            {
27                alpha = score;
28            }
29            if(score >= beta)
30            {
31                break;
32            }
33        }
34    }
35    return current;
36 }
```

    PVS 算法的核心是获得第一层的最佳位置，获得最佳位置的方法可以是排序，也可以是查找，并将获得的最佳位置放置在可下位置的首位，还可以采用置换表的方法，将每次搜索中获得的最佳位置存放到置换表，在需要的时候直接使用。

2.3 估值函数的设计

    估值函数在博弈软件设计中的作用是为寻找最佳位置提供数值计算的依据。在计算机博弈软件的设计中，一个好的估值方法往往是博弈取胜的关键，它为搜索过程的具体实现提供了计算的基础。本节将介绍估值函数设计的基本原理和方法，并简单介绍估值函数参数和权重的调整方法。

2.3.1 估值函数设计概述

估值函数又可以称为启发式估值函数或静态估值函数，是在极大极小算法、α-β 剪枝算法及其他相关算法中用到的对游戏程序中当前位置的价值进行评估的一种方法。估值函数的作用是评估当前的局面。通常估值函数有两个基本的要求：估值的准确性和估值的速度。估值的准确性依赖于对游戏规则与下法的理解程度，估值的速度取决于估值计算方法的合理性。估值函数设计得好坏主要依赖于游戏规则和对游戏的经验知识，并且其中的某一部分并不一定完全可靠，而仅依赖于相关经验，同时还需要进行大量的试验来确定相应的估值函数参数。

估值函数的设计一般是基于两个基本的假设：其一是可以把局面量化成一个数字，这个数字可以对取胜的概率做出一个估计，当然，大多数程序并不给这个数字以如此确切的含义，因此这仅仅是一个数字。其二是衡量的这个性质和对手衡量的性质是一样的（如果认为自己处于优势，那么反过来对手认为他处于劣势），虽然与实际的情况可能有一定的出入，但这种假设使得搜索算法能够正常地进行，并且在实战中和实际情况非常接近。

估值函数可以简单，也可以复杂，简单的估值函数包含的知识量相对少些，但程序运行的速度相对快些，复杂的估值函数包含的知识量多些，但运行速度慢些。那么是不是估值函数越复杂、越准确越好呢？这是不一定的！计算机博弈通常需要在一定的时间内完成，如何评价一个估值函数是一个比较复杂的问题，一个相对比较简单的评价方法是用估值函数的知识量与速度的乘积来评价一个估值函数。

随着一个估值函数的知识量的增加，知识量对棋力的提高作用会逐渐降低，一个好的估值函数是在知识量和计算速度上寻找一个平衡。同时，还需要注意比赛的对象，如果和人类棋手比赛，那么相应的程序最好有足够的知识量，人类对手更善于寻找基于知识程序的漏洞。

典型的估值函数大致需要包含以下几方面的内容：

1）子力。子力是评估的棋盘上棋子的总价值。子力评估对某些游戏具有很大的作用，如中国象棋、国际象棋和西洋跳棋等。但是，子力评估对有些棋种却是没有意义的，例如像五子棋一类的游戏，这类游戏局面的好坏仅仅取决于棋子在棋盘上的位置，因此这类游戏通常不考虑子力的作用。

2）空间。在一些游戏中，棋盘在下棋的过程中可以被划分为不同的区域，一些区域被一方控制，另一些区域被另一方控制，同时还存在一些有争议的区域，例如，亚马逊棋在中盘阶段就是以区域争夺为主，而围棋则更为充分地体现了区域之争。空间评价就是将各个区域加在一起。

3）灵活性。在下棋过程中，可选择的下法越多，越有可能找到一种比较好的下法，越容易控制局面的发展。这个思路在亚马逊棋的开局阶段非常有效，但对某些棋种的效果并不明显，例如，灵活性对国际象棋的作用就不是很大，现在很多国际象棋的程序已经不再考虑灵活性的因素了。

4）下法。在一些包含主动性的游戏中，会有某方做出改变先后手的方法。例如，在点格棋中采用控制先后手的方法来保证在最后获得长链，而当不能获得最后下棋权利时采用让格手段，转换下棋双方的先后顺序（在点格棋的相关章节中有详细说明）来争取最后的胜利。

5）威胁。对手是否有更凶狠的手段？你有哪些更好的下法？在国际象棋、中国象棋中有哪些棋子可能会被吃掉？在六子棋中是否有四连或五连？在西洋跳棋中是否有棋子会升王？在爱恩斯坦棋中是否有棋子会占领角部位置？这些都可以归为威胁因素，该因素通常要结合威胁的远近和强度来进行综合考虑。

6）形状。形状是考虑棋子与棋子之间的关系，例如，中国象棋中的并排兵要比叠兵（前后兵）强大，连环马要比分开的两个独立的马强大，而空心炮和窝心马则不是一个好的棋型，通常要被罚分。形状因素在很多游戏中是一个重要的因素。

将以上几方面因素综合起来可以得到

$$Value = \sum_{i=1}^{n} K_i F_i \tag{2-4}$$

式中，n 表示所需估值种类的数量，具体需根据不同的博弈游戏来确定；F 表示估值的内容；K 表示相应估值所占的权重。

上述六条估值函数设计的基本内容均是以知识为基础的。在以游戏过程为基础进行设计时，有可能估值的内容会多于上面的内容，也可能仅有其中的若干项，需通过具体分析游戏的过程来确定使用哪些估值方法，同时每一项都需要具体量化，转化成一个可以计算的过程。

以中国象棋为例，对估值函数的设计需要考虑以下几方面的内容：

1）子力：该估值反映局面的基本情况，例如，兵的价值为 50，马的价值为 120，车的价值为 200 等。

2）灵活性：反映在具体的棋局上为实际可下位置的多少占理论可下位置多少的比例，灵活性越高，棋子的价值就越大。

3）空间：一方控制的空间越大，其价值就越大。

4）威胁：受到敌方棋子威胁的棋子其价值相对就要降低。

5）保护：受到我方棋子保护的棋子其价值相对就要增加。

6）形状：一些由特殊的形状组成的棋型其相对价值就要增加，如连环马。

7）定式：某些特定的局势导向一方胜利的局面，其价值要增加，如重炮将。

综上总结可得

$$Value = \sum_{i=1}^{7} K_i F_i$$

其中，K_i 为影响因素的权重，是根据经验来确定的，但在实际程序设计过程中，可以根据实际情况进行适当的调整以确定最佳的 K_i。F_i 为各个影响因素，是根据各个因素的情况来确定，例如在第一项中有

$$F_1 = \sum_{i=1}^{n} C_i V_i$$

其中，C_i 为棋子的种类，如兵、车、象、将等，而 V_i 则为对应棋子的价值。依此类推，就可以计算出其他影响因素的价值，从而得到总的估值。

由于估值过程的计算量通常巨大，因此在估值设计过程中影响因素和权重应尽可能地采用整型数据，以有效提高计算速度。

具体价值的多少则大多依据经验而非绝对值，不同游戏的估值方法也不尽相同，需根据实际游戏来确定。影响因素的多少会直接影响参数调整的难度，首先是从人工调整出发，例如中国象棋中车的价值一般要远大于兵的价值，但要通过人工调整而获得最优参数几乎是不可能的事情，手工调整一般只能获得性能相对较高的程序；其次可以通过爬山法、模拟退火法、遗传算法等来逐步获得参数的权重，得到最优的组合。

2.3.2　估值函数设计示例

上一节主要介绍了估值函数，本节将以示例的方式介绍估值函数的设计过程，帮助读者理解估值函数的设计方法和设计要点。

1. 八格拼图估值方法设计

八格拼图是一个简单的拼图游戏，该游戏的起始状态、搜索中产生的前三个状态和目标状态如图 2-25 所示。

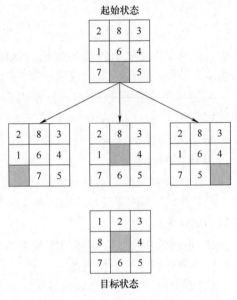

图 2-25　八格拼图的不同状态示意图

在图 2-25 中，八格拼图的起始状态实际上是一个随机生成的状态，目标状态是按一定顺序形成的状态。

分析八格拼图的估值主要目的是研究如何量化估值，通过对游戏过程的分析，将游戏过程转化为可以用数字表示的过程，为计算机博弈提供估值基础。

拼图要求只能向空格位置移动，每次只能移动一个格子，只能按照水平或垂直方向移动，不能按照斜线方向移动。图 2-25 的中间层显示了在初始状态后移动一次格子之后的状态：左侧的状态表示格子 7 向右移动到空格位置，中间状态表示格子 6 向下移动到空格位置，右侧的状态表示格子 5 向左移动到空格位置。

根据八格拼图游戏的要求，数出每个状态与目标状态相比错位的格子数是一个不错的想法，错位的格子数越少的状态就越可能接近预期的目标。但是，这个想法并没有从棋盘格局中得到所有的信息，因为它并没有把格子必须移动的距离作为考虑的对象。那么，另一个更好的想法就是对错位的格子必须移动的距离求和。

根据上述分析可以大致得到一个关于八格拼图的估值方法，这个估值方法实际上是两个分量的和，可以表示为

$$F(n) = G(n) + H(n) \tag{2-5}$$

其中，$G(n)$ 是从任意状态 n 到起始状态的实际路径长度，$H(n)$ 是对状态 n 到目标状态的估计。

上述过程实际上就是以游戏过程为基础，逐步导出估值的方法。在实际的应用过程中，应尽可能找出对棋局的影响因素让估值更加准确。例如，将上述的估值分析中考虑两个格子

换位所要经历的步数，在不同的位置上的两个格子需要换位所经历的步数也不相同，例如图 2-25 中的中间左图和右图的格子 1 和格子 7 换位所经历的步数不同。而这个条件也可以作为局面的评估，同样，针对得到的估值方法还可以考虑不同因子对估值函数影响的大小，此时就需要添加权重因子，式（2-5）就修改为

$$F(n) = K_1 G(n) + K_2 H(n)$$

权重因子的具体大小可以根据经验或相应的优化方法来确定。

2. 爱恩斯坦棋估值方法设计

爱恩斯坦棋是一款比较新的游戏，被国际计算机博弈锦标赛和中国大学生计算机博弈大赛选为比赛项目，该游戏的估值方法也成为众多爱好者热忠研究的对象。

爱恩斯坦棋赢棋方法有两种：其一是占领对方角部位置，其二是吃掉对方所有的棋子。从占领对方角部位置分析，这种赢棋方式在估值函数设计时需考虑棋子给对方造成的威胁，但如何具体量化呢？

图 2-26 所示是爱恩斯坦棋下棋过程中形成的一个局面，黑棋从左上方向右下方下棋，白棋从右下方向左上方下棋，不考虑吃棋的情况，黑棋需要多少步才能占领白棋的角部位置（6 号白棋的位置）？

如果掷骰子得到的数字一直是 3，那么黑棋只需要两步即可赢棋；如果掷骰子得到的数字一直是 2、4、5、6，则需要 3 步才能赢棋（当掷骰子得到的数是 5 和 6 时，根据规则如果相对应的棋子已经从棋盘移出，便可走动大于或小于此数字的并与此数字最接近的棋子）；如果掷骰子得到的数字是 1，则需要 4 步。那么，可以假设掷出骰子的数字是等概率的，计算占领对方角部的期望距离就可以采用以下公式进行：

$$R = \sum_i p(i) r(i) \qquad (2-6)$$

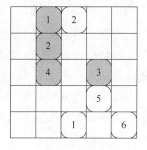

图 2-26　爱恩斯坦棋估值设计示意图

式中，$p(i)$ 表示移动某个棋子的概率，$r(i)$ 表示某个棋子距离角部的距离。

对于图 2-25 所示的黑棋具体离角部的距离和概率的关系见表 2-3。

表 2-3　R 计算表

	1	2	3	4
$r(i)$	4	3	2	3
$p(i)$	1/6	1/6	1/6	3/6

根据表 2-3 计算得到 $R = 3$。

式（2-6）表示了占领对方角部位置的估值方法，但爱恩斯坦棋还有另一种赢棋的方法，就是吃掉对方所有的棋子。还是以图 2-26 为例来分析，现在要考虑的是黑棋被白棋吃掉的情况，当白棋掷骰子得到 1 时，此时白棋只能走 1 号棋子，由于每次只能走一格，因此对黑棋不构成威胁；当白棋掷骰子得到 2 时，根据规则此时只可能吃掉黑棋的 1 号棋子；当白棋掷骰子得到 3 和 4 时，白棋既可以走 5 号棋子也可以走 5 号棋子，此时可以吃掉黑棋 1 号棋子或 3 号棋子；当白棋掷骰子得到 5 时，白棋只能走 5 号棋子，可以吃掉黑棋的 3 号棋

子；当白棋掷骰子得到 6 时，白棋只能走 6 号棋子，此时对黑棋不构成威胁。通过上述分析可知，只有当白棋掷骰子得到 1 和 6 时黑棋才不会被对方吃掉一个棋子。受对方威胁的估值可以用下面的公式来计算：

$$T = \sum_{i=1}^{6} p(i) \times v(i) \tag{2-7}$$

式中，$p(i)$ 表示对方掷骰子得到某个数的概率，此处都是 $1/6$，$v(i)$ 表示棋子的价值（棋子处于不同位置的价值不同，越接近对方角部位置的棋子价值越大），掷骰子得到的数 $1 \sim 6$ 都可能，因此需计算 $1 \sim 6$ 所有的数。

由式（2-7）可以计算得到 T 的值。

由上述过程可以得到量化的爱恩斯坦棋的估值方法：

$$\text{Value} = K_1 \times F(r) + K_2 \times F(t) \tag{2-8}$$

式中，K_1 和 K_2 分别是权重因子，$F(r)$ 是占领对方角部的期望距离，$F(t)$ 是受对方威胁的估值。

权重因子 K_1 和 K_2 需根据具体情况确定，或采用一定的优化方法调整。

2.3.3 布局与估值

计算机博弈游戏包含了很多不完备信息类的博弈游戏，其中的一些游戏的布局是由博弈双方各自确定，双方可以根据自己对开局布局的理解来确定各自的布局。目前中国大学生计算机博弈大赛中的军棋、爱恩斯坦棋等就属于这类游戏。

这类游戏的开局布局通常是基于对游戏知识的理解。例如，在军棋中，通常不会将炸弹、工兵摆放在容易直接受攻击的位置，军长在对方的司令没有被消灭的情况下也是不会被摆放在容易受攻击的位置，在师长的后部位置通常会摆放炸弹，一旦己方师长被对方棋子吃掉就可以炸掉对方棋子，等等。而这些基本布局的方法通常是根据游戏的基本知识或积累的游戏经验来获得。

开局布局通常是在博弈开始之前就进行完毕的，在开局之后就不再改变。下面以爱恩斯坦棋的开局布局为例，来说明开局布局对整个博弈过程的影响，同时考虑如何设置合适的开局布局。

在爱恩斯坦棋的规则中，对开局时双方棋子的放置位置没有限制，只要放置在开局区域即可，双方可以根据自己对不同棋子放在不同位置的重要性的理解来确定棋子的放置位置。德国弗里德理希·席勒-耶拿大学（Friedrich-Schiller-Universität Jena）的一位爱恩斯坦棋计算机博弈爱好者 Andreas Schäfer 对棋子放置位置的影响进行了大量的研究，其结论是不同的初始化位置对胜率会有一定的影响。在 Andreas Schäfer 的研究中，采用相同的估值和搜索方法，但开局布局方法不同，以相同的布局对随机产生的布局进行对弈，根据开局布局的可能组合，统计对弈的胜率来评估不同布局的胜率情况，下棋的先后手采用的是轮流先手的方法以尽可能保证对弈的公平性，对开局棋子位置的摆放研究了所有可能开局的位置，胜率较高的开局情况如图 2-27 所示。

图 2-27 所示开局胜率的计算是针对大量随机开局对弈统计的结果，不是针对某一个具体开局对弈的统计结果，因此，并不表示在使用上述开局情况下就能获得上述比例的胜率。若每次都采用同样的开局，对手很容易察觉到，从而采用针对该开局的开局来获取较高的胜

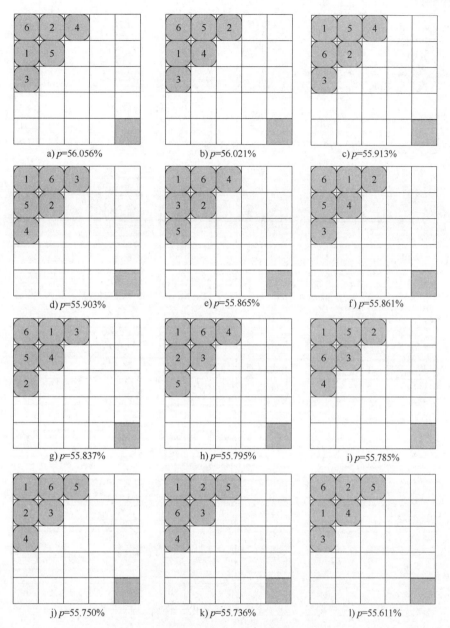

图 2-27　胜率较高的几种爱恩斯坦棋开局布局

率。爱恩斯坦棋通常采用 11 场或更多的场次来决定胜负，因此应在胜率较高的开局库中选择开局布局，而不是一成不变地选择某一个特定的开局。

　　同样，还有一些胜率较低的开局布局，如图 2-28 所示。

　　显而易见，胜率较低的开局布局是要尽量避免的布局，在开局布局时应尽可能选择胜率较高的布局。

　　由图 2-27 和图 2-28 可以看出，在角点位置若是棋子 1 或棋子 6，则该类布局在对弈过程中胜率较高，而在角点位置若是棋子 3 或棋子 4，则该类布局在对弈过程中的胜率较低。产生这种结果的原因比较容易分析，在下棋过程中，在前面的棋子总是容易被对方吃掉，最

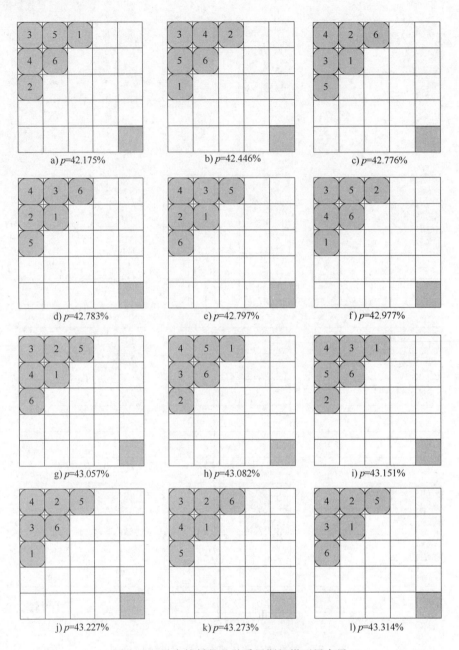

图 2-28　胜率较低的几种爱恩斯坦棋开局布局

容易残留的棋子是角部位置的棋子，若残留棋子是棋子 1 或棋子 6 时，当掷出骰子的数是 2、3、4、5 时，棋子 1 和棋子 6 都可以作为备选棋子，这样就大大增加了下棋过程的灵活性；同样，当残留棋子为棋子 3 和棋子 4 时，当掷出的骰子数为 1、2 时，只能移动棋子 3，而当掷出的骰子数为 5、6 时只能移动棋子 4，因此，其灵活性不如残留棋子 1 和棋子 6，这也是造成棋子 1 和棋子 6 布局是放在角部胜率较高的原因。

考虑到对手会同样考虑开局对整个局面的影响，选择相同的开局并不是一个好的方法，通常比较合适的开局选择是将 1 或 6 放置在角部位置，而其他数字则随机放置，这样，既可以保证己方的开局属于胜率较高的开局，也可以避免对方利用有针对性的开局来提高胜率，确保己方在开局阶段不至于处于不利位置。

由上述分析过程可以看出，通过对相应游戏的分析和理解，了解不同棋子在博弈过程中对棋局的影响和作用，有助于提高博弈过程的胜率。

2.3.4　估值函数的调整方法

找到合适的估值方法之后并不一定能够写出高水平的博弈软件，每一种评估方法中各个因子的大小、不同评估方法的权重等都会影响博弈水平，一个较好的估值函数可能需要经过大量的测试和调整。下面简单介绍一些常用的调整方法。

如果对所设计的游戏有足够的了解，那么，比较简单而有效的方法是交手法。这种方法属于手工调整的方法，采用的方法是让程序对弈足够多的次数，猜测哪些参数会使程序的博弈水平更高，然后选择新的参数。由于采用的估值方法是基于知识的估值方法，根据程序比较容易分析程序的问题出在哪里，因此也比较容易找出哪些参数存在问题。例如在中国象棋中，假设车的价值为 80、炮的价值为 50、兵的价值为 30，那么在下棋过程中就可能出现单车兑一兵一炮的局面，假设不存在其他情况，那么这种兑棋肯定是不合理的。如果程序设计者具有一定的下中国象棋的经验，就能很容易找到程序的问题所在，并进行及时的调整。

另一种常用的手工调整估值函数的方法是约束法。这种方法是在软件当中加入约束条件，让计算机在博弈过程中做出选择。例如，对于上述的单车兑一兵一炮不合理的情况，如果估值不变，可以加上针对这种情况的约束条件。这种方法通常能够得到比较合适的值。约束法的前提条件也是软件设计者对游戏有足够的了解。

除了手工调整估值函数的参数外，还可以通过优化的方法进行参数的调整，通常采用的方法有爬山法、模拟退火法、遗传算法、神经网络等。

爬山法类似于交手法，通常用于局部找优，每次对估值函数的参数或权重做很小的改变，然后测试，测试一般是与原来的算法或其他存在的软件进行对弈，如果测试结果为胜率提高则采用这个结果，否则就放弃。这种方法一般需要进行大量的测试并且调整的速度比较慢。

模拟退火法类似于爬山法，也是试图改变权重来提高胜率。这种方法从胜率可能提高得较快、改变梯度较大的地方开始。调试者需要对软件比较熟悉，在调试过程中如果没有改变，有时候也会采纳新的估值参数或权重，其目的是为了跳出局部最优。这种方法往往比爬山法更慢，但最终可能获得比较好的结果。

遗传算法则是通过组合变化来测试参数或权重，将不断新增加的组合与原来的组合相比较，而不同的权重也可以相互交换以得到新的组合，通过淘汰坏的组合来控制种群的数量。爬山法和模拟退火法通常只能得到一组较好的权重或估值参数，而遗传算法往往可以得到几组不同的好的组合。

神经网络的基本思想是确定网络何时会做出坏的评价，每个权重是增加还是减少看是否会更好。它的好处就是不需要人类的智慧，不需要太多棋类的知识。这种方法类似于爬山法，但是，在目前的计算机条件下，利用自己的智慧来做估值函数往往比机器学习做得更好，而且更快。

上面介绍的这几种估值函数的自动优化调整技术都需要经过以下几个测试：

1）让程序和自己的其他版本的程序进行对弈，对弈的过程还需要增加一些随机因素，否则对弈的结果会产生一样的棋局。比较合适的方法是通过一组局面来测试，这样每个局面从一开始就不一样。

2）通过和人类棋手进行对弈，人类棋手在对弈的过程中下法的变化更多，更容易测试调整变化后的结果。

3）采用自动调整的方法需要测试大量的棋局，著名的商业国际象棋设计师 John Stanback 曾采用遗传算法来调整估值函数，测试了 2000~3000 局，虽然得到了不错的结果，但是得到的结果仍然比手工调整的差。

2.4 置换表

置换表的原理是采用哈希技术将已搜索节点的局部特征、估值和其他相关信息记录下来。

在博弈游戏中，经常会产生下棋步骤不同，但最终生成的局面相同的情况。图 2-29 所示是井字棋游戏中经过两种不同的下法，最终产生相同的局面。采用置换表则只需记录局面的特征，而不需要记录形成的过程。

在搜索过程中，如果待搜索的局面特征在置换表中已经有记录，在满足相关条件时，就可以直接使用置换表中的结果。

对一个节点进行估值时，首先应查找置换表，如果置换表中有相关节点的信息，则直接使用置换表；若置换表中没有相关节点的信息，则

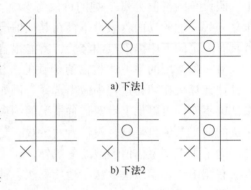

a) 下法1

b) 下法2

图 2-29 棋型特征

对该节点进行搜索，当计算出估值时，立即将该节点的信息保存到置换表中，更新置换表。

使用置换表首先要确定哈希函数，将节点的局面映射为一个哈希值，哈希值可以是 32 位的无符号整型数据，也可以是 64 位的无符号整型数据，具体采用 32 位的还是 64 位的需根据可能产生的局面数量来确定。

在置换表中最常用的哈希方法是 Zobrist 哈希方法，它能高效地生成一个特定局面下的哈希值。

每个棋子在不同位置的哈希值可以通过一个三维数组来确定，其基本形式如下：

U64 zobrist［row］［col］［piece］;

U64 表示 64 位无符号整型数据，根据编译系统的不同所使用的方法也不同，如果采用 g++ 编译器则可以使用 unsigned long long 来处理，如果使用 VC 编译器则可以使用 __int64 来处理。

在应用过程中，数组的大小根据游戏的具体情况来确定。例如，井字棋游戏的棋盘为 3×3，而棋子种类为 2，则数组可以构造为 zobrist［3］［3］［2］；又如，六子棋的棋盘为 19×19，棋子种类为 2，则数组可以构造为 zobrist［19］［19］［2］。数组通过行、列、棋子位置来确定初值，每一项初值则通过随机数获得，C 语言中的 rand() 函数获得的是一个 15 位

的值，要获得 64 位的值还需要进行异或和移位运算，具体过程如下：

```
01 U64 rand64()
02 {
03   return rand()^((U64)rand()<<15)^((U64)rand()<<30)^((U64)rand()<<45)^
04       ((U64)rand()<<60);
05 }
```

在博弈程序启动时就可以利用上述随机数的计算方法将三维数组的每个元素进行初始化，如果要为当前局面产生一个 Zobrist 键值则首先将当前局面的键值设为零，然后找到棋盘上的每个棋子，并且让初始键值与找到的棋子的相应键值 zobrist[r][c][p] 做异或运算，就可以获得当前局面的键值。在后续使用过程中，如果一方下棋，那么，只需要异或"改变的着子"，就可以获得当前局面的键值。

置换表需要根据游戏的不同而进行具体设计。其基本结构可以通过一个散列数组表示，其中散列项的基本结构如下：

```
01   struct HASHT
02   {
03       U64 key;//zobrist 键值
04       …
05       int value;
06       MOVE bestMove;
07   }
```

该结构是以 zobrist 键值作为"指标"，如果存在该键值则说明当前局面已经进行了评估，可以直接获得当前局面的最佳下棋位置。以散列项为基础构造数组即可形成置换表。

在 α-β 剪枝算法中使用置换表时需在搜索前进行查找，如果已经记录在置换表内，那么，直接从置换表中获得数据，如果没有记录在置换表内，则进行搜索。如果在搜索过程中获得"最佳"位置，则将当前局面记录到置换表中。

以 α-β 剪枝算法为基础置换表应用的伪码如下：

```
01   int AlphaBeta(int depth,int alpha,int beta)
02   {
03       int hashf=hashfALPHA;
04       if((val=ProbeHash(depth,alpha,beta))!=valUNKNOWN)
05       {
06           return val;
07       }
08       if(depth==0)
09       {
10           val=Evaluate();
11           RecordHash(depth,val,hashfEXACT);
```

```
12        return val;
13    }
14    GenerateLegalMoves();
15    while(MovesLeft())
16    {
17        MakeNextMove();
18        val =-AlphaBeta(depth-1,-beta,-alpha);
19        UnmakeMove();
20        if(val >= beta)
21        {
22            RecordHash(depth,beta,hashfBETA);
23            return beta;
24        }
25        if(val > alpha)
26        {
27            hashf =hashfEXACT;
28            alpha =val;
29        }
30    }
31    RecordHash(depth,alpha,hashf);
32    return alpha;
33 }
```

置换表在搜索过程中的最大作用是省去了大量的重复工作，在每个散列项中保存了该局面的最佳下法。在使用过程中不仅可以对局面构造置换表，还可以利用小型置换表构造开局库、棋型等。

在设计置换表时还需要考虑置换表的长度（散列项的数量）。置换表越长，发生地址冲突的概率越小，从而能保存更多的局面信息，置换表的命中率也越高，但所需空间也越大，一旦置换表的长度超过物理内存的承受能力，则会导致故障或性能下降。

2.5 UCT 算法

2.5.1 Monte Carlo 算法

Monte Carlo（蒙特卡洛）算法也称为随机模拟算法，是一种基于随机数的计算方法。该算法成型于美国在第二次世界大战中研制原子弹的"曼哈顿计划"。

Monte Carlo 算法的基本思想是：为了求解某一问题，建立一个恰当的概率模型，使得其参量（如事件的概率、随机变量的数学期望等）等于所求问题的解，然后对模型或过程进行反复多次的随机抽样试验，并对结果进行统计分析，最后计算所求参量，得到问题的近似解。

在使用 Monte Carlo 算法解决实际问题的过程中，主要包含以下几方面：

1）建立简单而又便于实现的概率统计模型，使所求的解正是该模型的某一事件的概率或数学期望，或该模型能够直接描述的实际的随机过程。

2）根据概率统计模型的特点和计算的需求，改进模型，以便减小方差和降低费用，提高计算效率。

3）建立随机变量的抽样方法，包括伪随机数和服从特定分布的随机变量的产生方法。

4）给出统计估计值及其方差或标准误差。

图 2-30 是 Monte Carlo 算法的一个简单应用，用于计算圆周率 π。对于一个给定的长度为 1 的正方形，内切一 1/4 圆，正方形的面积为 1，而 1/4 圆的面积为 π/4。那么，现在向正方形内随机抛点，此时 π 可以通过以下方式计算：

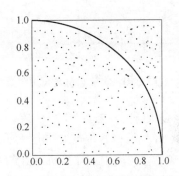

图 2-30　用 Monte Carlo 算法计算 π

π = 落在圆弧内的点数/总点数 × 4

随着抛出的点数增加，π 的值就越精确。该方法计算 π 的估计值非常简单，同时也易于通过程序实现。表 2-4 为模拟次数和得到的 π 的估计值。

表 2-4　Monte Carlo 算法计算 π

模 拟 次 数	π 的估计值
1000	3.2000
5000	3.1648
10000	3.1100
50000	3.1375
200000	3.1432

在表 2-3 中，π 的估计值随着模拟次数的增加，其准确度也逐步增加。该过程还省却了繁复的数学推导和演算过程，使人更容易理解和掌握。

由于计算机技术的高速发展，计算机的运算能力逐步增强，Monte Carlo 算法在计算机博弈、金融工程、生物医学等领域得到了快速的发展。

2.5.2　Monte Carlo 树搜索

Monte Carlo 树搜索（Monte Carlo Tree Search，MCTS）是 Monte Carlo 方法在计算机博弈和其他相关领域的一个具体应用。它是一种最优优先的搜索方法，在搜索过程中不需要对局面进行评估，采用的是随机化的方法来探索搜索空间。

MCTS 的结构与极大极小搜索树的结构相似，从父节点出发，所有孩子节点为从父节点出发的所有可行下法。图 2-31 是以井字棋为例的 MCTS 示意图。

每个孩子节点代表了在当前状态下的可下位置。例如，在井字棋游戏中，在开局时所有可下位置有 9 个。最简单的 MCTS 方法是对所有的孩子节点进行模拟下棋，最终根据模拟的结果，选择胜率最高的节点作为下棋位置。如图 2-32 所示，有三个孩子节点 A、B、C，分别对这三个节点进行随机模拟，最终节点 C 的胜率最高，那么，下棋位置将选择 C。

图 2-31 井字棋部分可下位置示意图   图 2-32 孩子节点选择示意图

使用这种方法选择下棋位置，通常需要进行大量的模拟才能获得相对准确的位置，同时对"不好"的位置也需要进行大量的模拟，如果需要获得相对准确的结果，则会大大增加模拟次数，从而增加计算机运算的开销。同时，模拟的过程采用了随机模拟的方法，也会降低最终结果的准确性。可以对这种方法进行适当改进，从而提高获得最佳位置的效率，其一是模拟节点选择的方法，以孩子节点下的所有节点作为备选点进行模拟，其二每次模拟针对父节点下获胜概率最高的节点进行模拟，具体方法如图 2-33 所示。

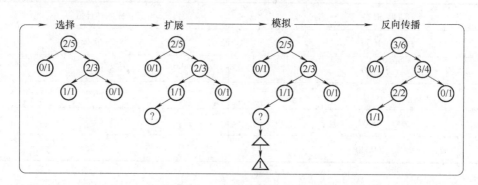

图 2-33 MCTS 方法的四个步骤

图 2-33 中的选择、扩展、模拟和反向传播是 MCTS 方法的四个步骤，这四个步骤的具体过程如下：

1）选择：这一步是从根节点出发，每次选择一个最有价值的子节点，如可以选择模拟过程中胜率最高的子节点，直到找到一个"存在未扩展子节点"的节点（叶子节点），如图 2-33 中的 1/1 节点，然后进入下一步扩展。

2）扩展：这一步是根据上一步选择得到的叶子节点（如节点 1/1）进行扩展，将孩子节点添加到上一步获得的节点中，图 2-33 中的"?"节点就是扩展的节点。

3）模拟：这一步是针对上一步扩展的节点"?"进行模拟，模拟的过程至产生结果结束，如果结果是获胜，则"?"节点就变为"1/1"。具体模拟的方法可以根据不同游戏的模拟策略来确定。

4）反向传播：当获得模拟结果之后，则沿着前面三步产生的路径逆向更新路径中每个节点的值。

MCTS 算法可以通过时间来控制结束条件，也可以通过模拟次数来控制结束条件。通过时间来控制的 MCTS 算法的伪代码如下：

```
01  while(has time)do
02  {
03      currentNode←rootNode
04      while(currentNode ∈ T)do
05      {
06          lastNode←currentNode
07          currentNode←Select(currentNode)
08      } end
09      lastNode←Expand(lastNode)
10      R←playSimulationGame(lastNode)
11      currentNode←lastNode
12      while(currentNode ∈ T)do
13      {
14          backPropagation(currentNode,R)
15          currentNode←currentNode.parent
16      } end
17  } end
18  return bestMove = argMax$_{N∈Nc}$(rootNode)
```

该段伪代码的初始条件为已知根节点（rootNode），或已知当前的状态，获得的结果为最佳下棋位置（bestMove）。伪代码中的第 4~8 行是选择操作，第 9 行为扩展，第 10 行为模拟，第 12~16 行为反向传播。

MCT 算法的节点设计既要考虑节点的扩展，又要考虑节点数据的反向传播，以 C++ 为例，可以通过以下方式来创建节点。

```
01  struct Node
02  {
03      some info;
04      int win;
05      int total;
06      Node * parent;
07      vector<Node * >vec;
08  }
```

其中，第 6 行的变量用于反向传播；第 7 行的变量用于扩展节点，该变量也可以采用其他链式结构来处理，只要能达到能正确处理节点的扩展即可。

2.5.3　UCT 算法概述

UCT 算法（Upper Confidence Bound Apply to Tree）即上限置信区间算法，是 Monte Carlo 算法的特例。该算法是将 Monte Carlo 树搜索算法与 UCB（Upper Confidence Bound，上确界或上限信心界）公式相结合。与传统的搜索算法相比，在超大规模博弈树的搜索过程中具有时间和空间方面的优势。

假设当前节点为 p，I 为从节点 p 出发的所有可能节点的集合，那么，p 的孩子节点 k 的选择的方法如下：

$$k \in \arg \max_{i \in I}(v_i + C \times \sqrt{\frac{\ln n_p}{n_i}}) \tag{2-9}$$

其中，v_i 是节点 i 的估值，例如可以是节点 i 出发进行模拟的胜率；n_i 是节点 i 的访问次数；n_p 是节点 p 的访问次数；C 是系数，该系数需根据情况通过实验获得。

UCT 算法的实现过程和 MCTS 方法的实现过程相似，不同的是针对每个节点的计算方法不同。同样，UCT 算法在执行过程中可以在任意时间终止，并能获得一个比较理想的结果，如果时间充分，UCT 算法的结果或非常逼近"最优值"。采用 UCT 算法的胜率要大大高于 MCTS 算法。

UCT 算法在扩展过程中实际上要对当前局面下的每一个未模拟的节点都要进行模拟，这就造成了对一些明显"不好"的节点也要进行模拟，这在一定程度上会造成资源的浪费。因此，可以加入估值对 UCT 算法进行优化。改进后的计算公式如下：

$$k \in \arg \max_{i \in I}(v_i + C \times \sqrt{\frac{\ln n_p}{n_i}} + K \times \frac{Value_i}{n_i + 1}) \tag{2-10}$$

其中，$Value_i$ 是当前节点下对局面的评估值，K 是系数，用于调整评估值的权重。当 K 值较大时表示更注重局面的估值，而 K 值较小时则更注重模拟的结果。这样，在开始搜索阶段利用估值可以更有效地获得最佳位置。

UCT 算法在实现过程中，采用的数据结构和 MCTS 算法的数据结构类似，但在初始化的时候有所不同，在一般情况下，可以使用 $K \times Value_i$ 作为初始化的值，即利用对在搜索过程中的第一层的节点的估值来作为候选模拟的依据。

UCT 算法在模拟初始阶段注重对局面的评估，随着模拟过程的进行逐步更依赖于模拟的结果。

2.6　Q 学习算法

Q 学习算法是强化（Reinforcement Learning，RL）学习中的一个分类，在机器博弈中具有广泛的应用。

2.6.1　强化学习

强化学习是程序通过经验学习行为知识的机器学习方法。智能体（Agent）以"试错"的方式进行学习，以通过与环境进行交互获得的奖赏来指导行为，其目标是使智能体获得最大的奖赏。

强化学习把学习过程看作是试探评价的过程，如图 2-34
所示。Agent 选择一个动作作用于环境，环境接受该动作之后
状态发生变化，同时产生一个强化信号（奖赏或惩罚）反馈
给 Agent，Agent 则根据强化信号和环境当前的状态来选择下
一个动作，选择的原则是使正强化（奖赏）的概率增大。选
择的结果不仅影响到立即强化值，而且影响到下一时刻的状
态和最终的强化值。

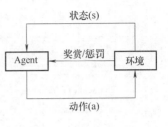

图 2-34　强化学习

强化学习系统的学习目标是学习从环境状态到行为的映
射，使得智能体选择的行为能够获得环境最大的奖赏，使得外部环境对学习系统在某种意义
下的评价（或整个系统的运行性能）为最佳。在设计强化学习系统时主要考虑以下三方面
的内容：

1）如何表示状态空间和动作空间。

2）如何选择建立信号以及如何通过学习来修正不同状态—动作对的值。

3）如何根据这些值来选择合适的动作。

强化学习有如下一些特点：

1）没有监督标签。只会对当前状态进行反馈和打分，其本身并不知道什么样的动作才
是最好的。

2）评价有延迟。往往需要过一段时间，即已经走了很多步后才知道之前的选择是好是
坏。有时候需要牺牲一部分当前利益以最优化未来奖赏。

3）时间顺序性。每次行为都不是独立的数据，每一步都会影响下一步。目标也是
如何优化一系列的动作序列以得到更好的结果。也就是说应用场景往往是连续决策
问题。

2.6.2　Q 学习算法与示例

Q 学习算法是强化学习算法中基于价值的算法，Q 即为 $Q(s, a)$，就是在某一个时刻的
状态（state）下，采取动作（action）能够获得收益的期望，环境会根据 Agent 的动作反馈
相应的奖赏（reward）。所以，算法的主要思想就是将 state 和 action 构建成一张 Q 表来存储
Q 值，然后根据 Q 值来选取能够获得最大收益的动作。如果有适当的方法计算出评分值 Q，
那么只需要找出一个合适的行动 a 使得 Q 的值为最大，这样就可以确定最优行动策略。

Q 表实际上就是状态、动作与估计的未来奖赏之间的映射表，如图 2-35 所示。

在 Q 表中，每一行代表一个状态，每一列代表一个动作，表格的数值就是在各个状态
下采取各个动作时能够获得的最大的未来期望奖赏。当处于某个状态下，所选择的动作为当
前状态下 Q 值最大的动作。

Q 表的作用通过以下示例进行说明。如图 2-36 所示，假设有以下 5 个房间，房间之间
通过一道门相连，房间用 0~4 进行编号，房间外用 5 编号，其中 1 号房间和 4 号房间可以
连通到房间外 5 号，现在通过一 Agent 使用 Q 学习算法从任一房间出发，达到室外 5 号，学
习后获得的 Q 表如图 2-37 所示。

state \ action	a_0	a_1	a_2	$\cdots$
s_0	$Q(s_0,a_0)$	$Q(s_0,a_1)$	$Q(s_0,a_2)$	$\cdots$
s_1	$Q(s_1,a_0)$	$Q(s_1,a_1)$	$Q(s_2,a_2)$	$\cdots$
s_2	$Q(s_2,a_0)$	$Q(s_2,a_1)$	$Q(s_2,a_2)$	$\cdots$
$\vdots$	$\vdots$	$\vdots$	$\vdots$	$\vdots$

图 2-35　Q 表示意图

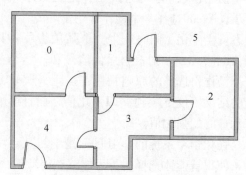

图 2-36　房间连通示意图

state \ action	a_0	a_1	a_2	a_3	a_4	a_5
s_0	0	0	0	0	891	0
s_1	0	0	0	801	0	991
s_2	0	0	0	801	0	0
s_3	0	891	720	0	891	0
s_4	801	0	0	801	0	991
s_5	0	891	0	0	891	991

图 2-37　Q 学习结果示意图

现在可以通过 Q 表来进行动作的选择。例如，要从 1 号房间到房间外，那么可以从 s_1 出发查找 Q 值最大的点，1 号房间出发可以到 3 号房间，也可以到 5 号房间外，而 a_5 的值最大，则直接从 1 号房间可以到 5 号房间外，获得的路径为 $s_1 \rightarrow s_5$。又如，要从 2 号房间出发到房间外，则先从 Q 表中的 s_2 中选择最大的 Q 值，a_3 最大，此时进入 s_3；再从 s_3 出发，此时 s_3 中 Q 值最大的是 a_1 和 a_4，即既可以选择 a_1，也可以选择 a_4，假设选择 a_1；则从 s_1 出发，这时 Q 值最大的为 a_5，这样获得的路径为 $a_2 \rightarrow a_3 \rightarrow a_1 \rightarrow a_5$。

Q 表中 Q 值的计算可以分为两种情况：一种情况是在下一状态达成目标时，可以通过建立公式进行计算，其计算公式为

$$Q(\text{state},\text{action}) = Q(\text{state},\text{action}) + \alpha\big(\boldsymbol{R} - Q(\text{state},\text{action})\big) \tag{2-11}$$

另一种情况在没有达成目标时，则根据当前状态和下一个状态对 Q 表进行更新，更新过程的计算公式为

$$Q(\text{state},\text{action}) = Q(\text{state},\text{action}) + \alpha\big(\gamma \times \max Q(\text{state}_{\text{next}},\text{action}_{\text{next}}) - Q(\text{state},\text{action})\big)$$

$$\tag{2-12}$$

其中，γ 是 $0\sim1$ 之间的比例系数，如果 γ 趋近于 0，则表示 Agent 更注重及时回报，如果 γ 趋近于 1，则表示 Agent 更注重未来的回报；α 表示学习系数，其范围为 $0\sim1$。

Q 学习算法的基本过程如下：

1）设置参数 γ，并初始化奖赏矩阵 **R**。

2）将 Q 表初始化为 0。

3）For 每一个过程

随机选择一个初始状态

DoWhile（目标状态未达到）

从当前状态的所有可能的动作中，选择一个动作

使用这一个动作，达到下一个状态

在下一个状态的所有可能动作中，选一个 Q 值最大的动作

按式（2-11）和式（2-12）计算 Q 值

设置下一个状态为当前状态

End Do

End For

在这个算法中，Agent 简单的跟踪从起始状态到目标状态的状态序列，这个过程在 Q 表中，就是从当前状态寻找最高奖赏值的动作。利用 Q 表的算法如下：

1）设置当前状态 = 初始状态。

2）从当前状态开始，寻找具有最高 Q 值的动作。

3）设置当前状态 = 下一个状态。

4）重复步骤 2）和 3），直到当前状态 = 目标状态。

图 2-38 给出了井字棋游戏的 Q 学习算法的学习过程。

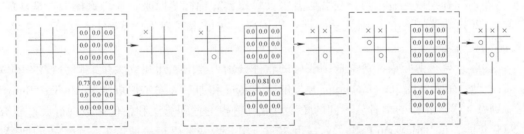

图 2-38　井字棋游戏的 Q 学习算法的学习过程

在计算机博弈游戏的 Q 学习算法中，action 可以通过可下位置来确定，state 则可以通过利用哈希表计算当前局面的哈希值来确定。在具体使用中，可以通过 Q 表来获得候选位置，再结合 UCT 算法来获得最佳位置。

第 3 章

亚马逊棋的设计与实现

3.1 简介

亚马逊棋属于确定性的两人对弈棋盘类游戏，属于零和游戏（即游戏双方在游戏结束时肯定会分出胜负）。1988 年，亚马逊棋由阿根廷的 Walter Zamkauskas 发明；1992 年，在西班牙的游戏杂志上发布了相应的游戏规则；1993 年，由 Michael Keller 推荐被引入到名为 "kNight Of The Square Table" 的邮政游戏俱乐部，从此之后逐步得到推广；1994 年，由阿根廷和美国各出一个队进行比赛，共比赛 6 场，比赛结果为 3 比 3 平手；1998 年，日本的静冈大学的计算机博弈研究学院的 Hiroyuki Iida 发起了亚马逊棋的计算机挑战赛，当时的获胜软件名为 Yamazon，程序的设计者是 Hiroshi Yamashita；2000 年和 2001 年的国际计算机博弈锦标赛都开展了亚马逊棋的比赛，亚马逊棋也由此走向全世界。亚马逊棋目前已成为国际计算机博弈锦标赛常规比赛项目。自我国开展计算机博弈锦标赛以来，亚马逊棋一直是常规比赛项目，2011 年起开始的中国大学生计算机博弈大赛也将其列为比赛项目，也是比赛参与者较多的项目之一。

在国际计算机博弈锦标赛上成绩较好的软件分别为美国加州州立大学北岭分校的 Invader、瑞士巴塞尔大学的 Jens Lieberum 开发的 Amazong 和加拿大埃尔伯塔大学 Michael Buro 开发的 Amsbot 等。各校的学者从不同角度对亚马逊棋的搜索算法和估值函数进行大量研究。在 2000 年时，E. Berlekamp 提出了亚马逊棋属于组合博弈的思想，搜索下一个位置的搜索量为 2^n；而后，Michael Buro 证明了亚马逊棋的解是类似完全 NP 问题，并且提出了复合概率剪枝算法，复合概率剪枝算法对 α-β 剪枝算法进行了较大的改进，极大地提高了剪枝效率和搜索深度，在目前一些优秀的 AI（Artificial Intelligence，人工智能）博弈程序中，很多软件都采用了该算法；而北岭分校的 Invader 所采用的算法包含了多种技术，由 2003 年开发的采用简单的极大极小算法，到现在采用了蒙特卡洛算法、UCT 算法等，有效提高了搜索的效率与搜索的深度，同时在下棋过程中采用了可变深度搜索算法，在棋局的不同阶段采用了不同的搜索深度，搜索的深度通过搜索的时间进行控制，且终局采用了终局数据库，有效提高了终局的搜索速度，是目前成绩最好的亚马逊棋软件。

亚马逊棋棋盘的大小规格为 $n \times n$ 规格，目前比赛的棋盘大小为 10×10，10×10 比赛用棋盘如图 3-1 所示。

E. Berlekamp 从组合博弈理论出发提出了亚马逊棋具有的特点：

1）是一种双人游戏或人机对弈游戏。

2）可以下棋的位置有限且有固定的规则。

3）对每一个游戏者来说，一个有限的可下位置引导出不同的下一步可下位置。

4）下棋双方轮流下棋。

5）下棋过程在有限的步数中完成。

6）属于信息完备博弈问题。

7）是一种无偏博弈。

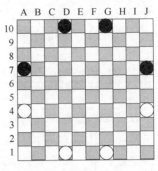

图 3-1　亚马逊棋 10×10 棋盘

在图 3-1 所示的亚马逊棋棋盘中，左侧采用的是数字标记，上方采用的是字母标记，这是在很多棋盘表示中常用的一种方法，即行用数字表示，列用字母表示，例如在顶部左侧的黑棋的位置可以表示为 D10。采用这种表示方法来表示棋子所在的位置非常直观。假设列也用数字表示，则原来的 D10 就改为 410，这种表示方法不能很好地体现出下棋的确切位置，如果要完整记录一盘棋的下棋过程就相当不方便。目前，大多数类似棋局的记录都是采用字母结合数字的表示方法，如围棋、国际象棋等都是采用这种方法来记录棋局，或采用以这种方法为基础的改进方法来记录棋局。

3.2　规则

亚马逊棋的规则比较简单，棋子下棋的规则与设置障碍的规则相同，只要理解下棋的规则，那么，障碍设置的规则就迎刃而解。亚马逊棋的下棋规则如下：

1）在 10×10 的棋盘上红方（白方）在 A4、D1、G1 和 J4 位置上摆放四个皇后，蓝方（或黑方）在 A7、D10、G10 和 J7 位置上摆放四个皇后。

2）皇后可下棋的位置与国际象棋皇后的下法规则相同。

3）由红方（或白方）开始游戏，每轮下棋由两步组成：

① 移动摆放皇后位置，规则和国际象棋皇后的下法规则相同。

② 落子后以当前皇后位置为基点设置障碍，障碍摆放点的位置和皇后可摆放点的位置相同（两者使用的规则相同）。

4）皇后和障碍设置的线路上不得有其他棋子或障碍。

5）可以完成最后一步的一方为赢家。

注：皇后的下法规则为在无障碍条件下皇后可下在上、下、左、右、左上、左下、右上和右下的任何可到达的棋盘上的位置。设置障碍的方法与皇后的下法相同。

在中国大学生计算机博弈大赛中对比赛时间做了进一步的规定，目前采用的方法是包干计时，即对弈各方用时不超过 20min，超时判负，这就对程序的搜索算法提出了更高的要求。对于亚马逊棋，一盘棋的下棋步数最多为 92 步，每方为 46 步，这样每步棋的平均用时为 26s，全盘考虑，每一步棋的计算使用时间最好不要超过 20s，否则很容易超时。在国际计算机博弈锦标赛中也有相应的时间约束。

在第 5）条规则中规定了可以完成最后一步的一方为赢家，假如双方下棋过程中占领的格子的数目相同，那么，后手方总是占领最后一个格子，即完成最后一步，此时，后手方获胜，这样就在一定程度上消除了先手方的优势，使整个下棋过程更为公平。一些博弈爱好者在设计软件时将先手和后手下棋加以区别，当先手下棋时更注意进攻，而后手下棋时以防守为主，争取取得更高的胜率。

3.3 搜索算法

亚马逊棋具有极大的分支因子，使用 10×10 的棋盘在开局时理论上分支因子就达到了 2176，在前 10 步时平均分支因子超过 1000，因此在搜索过程中限制了搜索的深度，而搜索的深度会在很大程度上影响程序的棋力。与中国象棋或国际象棋不同，亚马逊棋在开局之后会逐渐降低搜索的分枝，由于在开局阶段不能进行全宽度的搜索，有的程序采用的方法是在开局阶段采用选择性搜索的方法来降低搜索的分支因子，提高搜索的深度。选择性的搜索一般是在开局后的 10～15 步的范围内进行，然后再扩展搜索的宽度，直至全宽度搜索。这种方法主要对搜索的总量进行控制以达到最佳的搜索。

亚马逊棋采用的主要搜索算法为 $\alpha\text{-}\beta$ 剪枝算法，近几年来，不少 AI 爱好者逐步采用 Multi-ProbCut 搜索算法，该方法是 $\alpha\text{-}\beta$ 剪枝算法的改进算法，也出现了剪枝算法结合 MCTS 和 UCT 算法，较大地提高了搜索效率。由美国加州州立大学北岭分校开发的 Invader 就是采用的 MCTS 结合 UCT 算法进行开发，最新版本的 Invader 是在前面若干步使用 MCTS 结合 UCT 算法，在后续算法中采用的是一般估值的方法。采用这种策略开发的软件解决了在开局阶段搜索时间过长的问题，在下棋进行到一定阶段后改为一般估值的算法主要是保证估值的精确性以确保整个软件的棋力。

这里采用改进的极大极小算法作为搜索算法（极大极小算法的具体过程见第 2 章的详细介绍）。

$\alpha\text{-}\beta$ 剪枝算法虽然优于极大极小算法，但由于亚马逊棋的分支因子太大，在一些对计时要求较高的比赛中其搜索的深度极为有限，同时，亚马逊棋的估值计算过程也比较复杂，也会对计算时间造成一定的影响。采用 $\alpha\text{-}\beta$ 剪枝算法进行搜索深度为 4 的搜索，在开局阶段每一步棋的下棋时间一般需要 20～30s，这样，仅前 20 步棋搜索时间大约就需要 8min，在中国大学生计算机博弈大赛中，亚马逊棋比赛采用的规则是包干计时，即每方比赛时间为 20min，这样，采用 $\alpha\text{-}\beta$ 剪枝算法的程序就很难在规定的时间内完成。因此，对亚马逊棋比赛而言，其搜索算法最好能对搜索的时间进行有效的控制。对极大极小搜索算法进行适当改进就可以有效地控制搜索时间。

如图 3-2 所示，假设采用宽度优先的方法进行搜索，并且轮到甲方下棋，对第一层所有节点进行估值计算，将得到结果按 60% 进行选择，则 A、B 节点为估值较大节点，被选作候选节点，在第二层中选择估值较小的 60% 的节点作为候选节点，则第二层中 A、B、C 和 D 节点被选作候选节点，依次类推，直至所需深度，并将最佳选择返回，得到下棋位置。

这个过程采用了这么一个假设：在选择极大值层时估值较大的节点获胜的概率要大于估值较小的节点，在极小值层中估值较小的节点获胜的概率要大于估值较大的节点。在估值方法相同的情况下，与 $\alpha\text{-}\beta$ 剪枝算法相比要略优于 $\alpha\text{-}\beta$ 剪枝算法。在实际使用中可采用选择固定数量的最优节点来控制搜索的量。

采用上述算法也会存在一定的问题，由于对每层的节点都要进行估值，会在一定程度上降低搜索的速度。针对这方面的问题可以通过对搜索的结果按一定的方式进行排序，结合

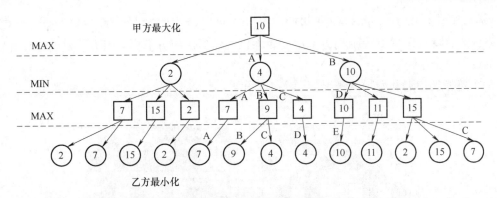

图 3-2　极大极小算法的改进

$\alpha\text{-}\beta$ 剪枝算法，这样可以有效提高剪枝效率，降低搜索过程中的计算量。

这种算法的优点是能够有效地控制计算时间，对规定时间的对弈很有效；缺点是在搜索过程中可能会失去一些制胜的节点，对于对弈时间较长的比赛，胜率会下降。

3.4　估值函数设计

亚马逊棋的估值是亚马逊棋博弈技术中最为复杂的技术，也是亚马逊棋软件博弈水平的核心。其估值函数主要由两方面组成：一是对下棋过程中所占"领地"进行评估，二是对棋子所占位置进行评估。将两者结合就形成了对亚马逊棋局面的估值。在有些软件中还将棋子的灵活性评估也加入到估值函数中。具体采用哪种估值方法需根据搜索方法与具体比赛规定的时间等进行综合考虑，下面对不同的估值方法分别进行介绍。

3.4.1　领地的估值

在亚马逊棋下棋的过程中每一方一轮要下两步，一步是移动棋子，一步是释放障碍。其下棋的过程如图 3-3 所示。

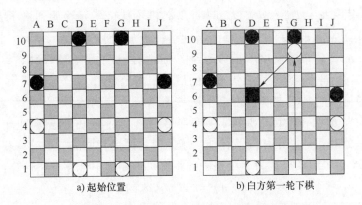

a) 起始位置　　　　b) 白方第一轮下棋

图 3-3　亚马逊棋下棋的基本过程示意图

图 3-3a 为亚马逊棋皇后放置的起始位置，走棋和释放障碍的规则是按照国际象棋皇后的下棋规则来执行的。游戏双方在后续过程中用 player $j(j \in \{1, 2\})$，通常白方为 player 1，黑方

为 player 2。图 3-3b 为白方第一轮下棋的过程，G1 的皇后首先移动到 G9 位置，然后由 G9 位置出发，释放障碍到 D6，完成白方的第一轮下棋，然后由黑方下棋，黑方下棋的过程和白方下棋的过程完全相同。

一个典型的中局和残局的情况如图 3-4 所示。

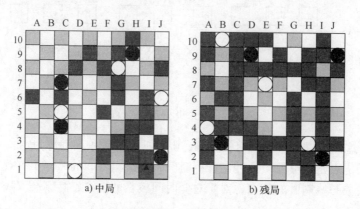

a) 中局　　　　　　　　　　b) 残局

图 3-4　典型的中局和残局

在游戏的中局通常还有一定的"领地"未被划分，如图 3-4a 所示，在图中尚未有某一领地被下棋的某一方完全占领，此时双方博弈的焦点是如何让己方能够占领更大的区域，同时尽可能限制对方占领更大的区域，这个过程也是亚马逊棋博弈的重点。随着游戏进入残局时，领地已被明确分割，棋盘被分割成一些各自独立的区域，如图 3-4b 所示，此时，实际上已分胜负，双方可能占领的领地区域已经明确区分，最终双方在各自的"领地"内填充障碍直至结束。

由上述过程可以看出，亚马逊棋的下棋过程可以被认为是选择有利位置进行"圈地"，选择下棋位置和释放障碍都是为了达到此目的，估值过程也需要从这两个方面出发。假设 n 为 player j 独占"领地"的格子数。还有一些则是双方经过一定下棋步子之后均能释放障碍的格子，这些格子情况要复杂得多，一种启发评估的方法是最小距离。

最小距离的定义为：$d_1(a, b)$ 为 player 1 将棋子从格子 a 移动到格子 b 所经过的最小路径数，如果没有路径使棋子可以从格子 a 到达格子 b，则 $d_1(a, b) = \infty$。同理，可以定义 $d_2(a, b)$ 为 player 2 将棋子从格子 a 移动到格子 b 所经过的最小路径数。假设 player 1 为白方，player 2 为黑方，图 3-5 为某一状态下的最小距离示意图。

图中的路径显示的是黑方和白方棋子从一个格子出发到达另一个格子所经过的最小路径。其中，图 3-5a 的路径也可以是 G2→H3→I3→J2，图 3-5b 的路径也可以是 J3→G6→H7→H8→I9，最终获得的效果相同。其他格子的值均采用相同的方法计算获得。

玩家 j 从一个格子出发抵达另一个格子的距离可以用如下计算方法计算：

$$D_i^j(a) = \min\{d_j(a,b)\} \tag{3-1}$$

其中，b 格子由 player j 占据，j 代表玩家 j，i 取 1 表示基于抵达某一格子的路径数，i 取 2 表示抵达某一格子所经过的格子数。

图 3-5 中给出了第一种计算方法的说明，即计算从格子 a 移动到格子 b 所需要移动的次数。图 3-5b 显示 J1 位置白棋移动到 I9 的 $D_1^1(a) = 5$，黑棋从 G2 移动 I9 的 $D_1^2(a) = 3$，则

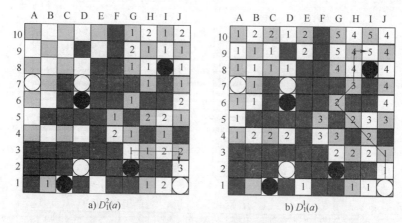

a) $D_1^2(a)$　　　　　　b) $D_1^1(a)$

图3-5　最小路径示意图

$D_1^1(a) < D_1^2(a)$，说明玩家2比玩家1更容易到达 a 点位置。依此可以应用到整个棋盘的棋子，不少亚马逊棋的估值设计是仅从这方面入手来进行设计的。

在 $D_i^j(a)$ 的计算中还可以考虑玩家从 b 出发到达 a 所经过的最少格子数，用 $D_2^j(a)$ 来表示，所经过的格子数越多，就说明玩家越不容易防守领地，这样就难以占领更多的格子，从而取得最终的胜利。$D_2^j(a)$ 如图3-6所示。

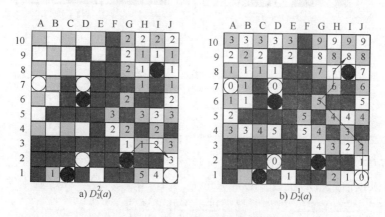

a) $D_2^2(a)$　　　　　　b) $D_2^1(a)$

图3-6　最少经过格子示意图

下面以图3-7所示的 $D_1^1(a)$ 的计算过程示意图来说明整个过程的计算方法。

图中0位置表示白棋，深灰色的位置表示已经设置了障碍，1、2、3、4、5在白棋移动之前全部为空白状态（没有被棋子占领），白棋从0位置出发，找到所有1的位置，并设上标志，再从1的位置出发，找到所有2的位置，依此类推，得到图示的路径值，其他几项的计算方法与图3-7所示的方法完全相同，依此可以得到 $D_1^2(a)$、$D_2^1(a)$ 和 $D_2^2(a)$，解决了后续计算的基础。

在估值的过程中，比较理想的估值方法是将经过的最短路径和经过的格子数相结合，这样可以得到一种可能的全局估值方法，其表示方法如下：

$$t_i = \sum_{\text{空格}A} \Delta(D_i^1(a), D_i^2(a)) \tag{3-2}$$

其中

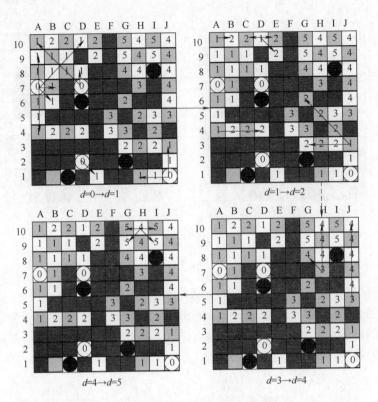

图 3-7 $D_1^1(a)$ 计算过程示意图

$$\Delta(n,m) = \begin{cases} 0 & n = m = \infty \\ k & n = m < \infty \\ 1 & n < m \\ -1 & n > m \end{cases}$$

k 是一个预定义的常量，$-1 < k < 1$，但轮到 player j 下棋时，一般来说使 $(-1)^j k \leqslant 0$。$|k|$ 的值可以预估先行的获益，通常取值为 $|k| \leqslant 0.25$。但在经过若干轮下棋之后，还需要对 k 值进行一定的修正，以便对局面进行更好的评估。

采用上述的方法的确可以作为全局估值的方法，但是，其估值效果只能体现局面的大致趋势，并不能很好地反映当前局面的实际情况，这就需要对评估函数的参数进行优化，经验优化函数如下所示：

$$c_1 = 2 \sum_{空格A} 2^{-D_1^1(a)} - 2^{-D_1^2(a)}$$

$$c_2 = \sum_{空格A} \min(1, \max(-1, (D_2^2(a) - D_2^1(a))/6)) \tag{3-3}$$

c_1 是附加价值，当 $(D_1^1(a), D_1^2(a)) = (1,2)$ 时，对 player 1，$c_1 = 0.5$，$(2,3)$ 时 $c_1 = 0.25$，$(1,3)$ 时 $c_1 = 0.75$，若格子 a 在 (n, n) 则 $c_1 = 0$。

至此，可以将 t_i 和 c_i 结合到估值函数中。

另外，定义：

$$w = \sum_a 2^{-\left| D_1^1(a) - D_1^2(a) \right|} \tag{3-4}$$

其中 a 为 $D_1^1(a) < \infty$ 和 $D_1^2(a) < \infty$ 的所有空格子。

如果所有的格子都被占据，则 $w=0$，且随着游戏的进行，w 的值会逐渐降低，这对放置障碍情况的评估极为有用。至此，可以重新定义评估函数：

$$t = f_1(w)t_1 + f_2(w)c_1 + f_3(w)c_2 + f_4(w)t_2 \tag{3-5}$$

对 f_i 有，$0 \leqslant f_i(w)$ 和 $\sum_i f_i(w) = 1$。f_i 在式（3-5）中实际上是优化参数，是在下棋过程中对 t_1、t_2、c_1 和 c_2 在总体估值函数中所占的权重进行适当的调整。

由式（3-5）也可以看出，综合估值计算的各项都与 $D_i^j(a)$ 的计算有关，因此只要完成 $D_i^j(a)$ 的相关计算就可以得到亚马逊棋较为完整的估值，在后续部分将考虑到棋子的灵活性，进一步完善估值。

对优化参数 f_i，下面是其基本的取值。

$$(f_1, f_2, f_3, f_4) = \begin{cases} (1.0, 0.0, 0.0, 0.0) & w \in [0,1] \\ (0.3, 0.2, 0.2, 0.3) & w \in (1,45] \\ (0.0, 0.3, 0.3, 0.4) & w \in (45,55] \\ (0.0, 0.3, 0.4, 0.3) & w \in (55,92] \end{cases}$$

在实际使用中，可以根据情况调整参数。若能进行足够多的对比，则可以使用优化的方法进行调整，例如可以采用线性规划或非线性规划的方法进行优化，在搜索方法相同的情况下可以获得最优的参数。

3.4.2 棋子灵活度的估值

亚马逊棋的棋局评估的另外一个需要考虑的重要因素是棋子在棋盘中的灵活性。与其他一些计算机博弈游戏相比（如六子棋），游戏双方在开局之后仅在一个较小的游戏范围内进行博弈，因此还需要考虑棋子在棋盘中的灵活性，以对棋局估值函数做进一步修正。

当棋局开始之后，一方的棋子就被限定在一定的范围内，如 player 1 的一个棋子 A 被限定在一个有 n 点构成的范围内，此时棋盘被分割成两部分：控制领地的范围（内部范围）和不被控制的领地范围（外部范围）。在内部范围中可以直接计算出控制的领地 n，对估值函数 t 的贡献值为 n。在外部范围，player 1 的另外一些活动的棋子将保护那些对 A 来说已经影响不到的位置，另外，走棋的另一方 player 2 也会尽力圈住 player 1 的 A 没有圈住的地盘，并且尽可能扩展自己的地盘。此时，A 已经无法影响到外部范围的估值 t，这种估值方法通常在下棋过程进行到一定程度之后才会较好地发挥作用。

考虑到灵活度的及时作用，引进了另外一个关联常数 m，用 m 来统计每个亚马逊棋子的灵活度。在估值函数 t 中，一些较为灵活的棋子可以对处于被动位置的棋子实施保护，为了能更快地计算 m，可以考虑添加一个相关参数 $N(a)$，用它来表示棋盘空格中棋子从 a 点出发棋子一格就能移动到的格子数，$N(a)$ 一般在搜索过程中随着棋子位置的变化而需要及时更新。对于格子 a 上 player j 的一个棋子 A，设：

$$\alpha_A = \sum_b 2^{-d_2(a,b)} N(b) \tag{3-6}$$

此处，统计所有满足条件 $d_1(a, b) \leqslant 1$ 和 $D_1^{3-j}(b) < \infty$ 的格子 b，如果 $\alpha_A = 0$ 则 A 是被圈住的。

图 3-8 所示为 $N(a)$ 和 α_A 的计算情况。

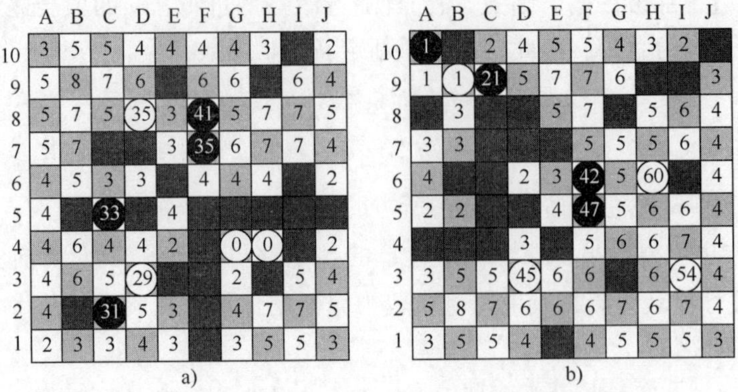

图 3-8 $N(a)$ 及 α_A 的计算示意图

如图 3-8a 所示，以 B9 点为例，因为 B9 周围的 8 个点均为未被占领的格子，故该点的 $N(a)$ 的值为 8。D8 点为白棋占据，$b = 1$ 的点有 C9、C8、D9、E8 和 E7，$b = 2$ 的点有 B10、D10、B8 和 F6，$b = 3$ 的点有 A8，计算 $\alpha_A = 7 + 6 + 5 + 3 + 3 + (5 + 4 + 7 + 4)/2 + 5/4 = 35.25$，取整数为 35。

对于 m 的估值，可以使用下式：

$$m = \sum_{\text{玩家2棋子}B} f(w, \alpha_B) - \sum_{\text{玩家1棋子}A} f(w, \alpha_A) \tag{3-7}$$

式中函数 $f \geq 0$。对于估值函数 $t + m$，选择一个非常合适的优化函数 f 是件不太容易的事情，尤其要在游戏进行的全部过程中均能起到优化效果。考虑到在游戏进行过程中会形成相应的封闭区域，对优化函数进行了相应的使用约束，其约束条件为

$$f(0, y) = 0$$

$$\frac{\partial f}{\partial x}(x, y) \geq 0 \tag{3-8}$$

由于 α_A 的值取决于棋子 A 在棋盘上的状态，当棋子 A 处于不利位置时，α_A 会变小，此时满足

$$\frac{\partial f}{\partial y}(x, y) \leq 0 \tag{3-9}$$

且其依赖关系是非线性的。对函数 f 还有一个比较有用的经验式：$2f(w, 5) < f(w, 0)$。这个式子也比较易于理解，当 $\alpha_A = 5$ 使说明棋子 A 几乎已经处于被封闭的状态，对手很容易选择一步棋释放相应的障碍来防止棋子 A 逃逸，此时，估值函数 t 的变化很容易被 m 抵消。亚马逊棋的另外一个重要策略就是令对手的棋子不能移动，或降低对手棋子的灵活度。在图 3-8b 中 A10 位置的棋子，当对方再下一步之后就可以将该棋子完全封闭，使其不能再发挥作用。

当将棋子灵活度也考虑在内时，总的估值函数就变为

$$\text{Value} = K_1 t + K_2 m \tag{3-10}$$

其中，K_1 和 K_2 为权重因子。

实际程序设计过程中要考虑哪些方面的估值需根据程序设计的具体情况而定。如果将 t 和 m 都进行考虑，能够有效提高估值函数的准确性，但也在估值函数的优化上增加了很大的难度；同时，在一定程度上会影响计算的时间，由于这类比赛通常是限时比赛，估值因素

考虑得多的时候必然要降低搜索的深度。因此，在设计程序的时候必须综合考虑各方面的因素，并进行相应的实战对比才能得到有效的估值方法。

后续示例是根据目前比赛的需要，忽略了 m 仅考虑 t 的计算，此时不再需要考虑两者的权重因子，同时还可以在搜索深度上提高一层到二层。

3.5 程序的设计与实现

通常人机博弈的软件有下面一些基本的要求：

1）有正确的棋盘表示形式，能正确显示棋盘当前的状态和下棋过程的状态。

2）建立走法生成器，用于存储所有符合游戏规则的可行走法。

3）建立游戏过程中局面的评估方法，用于评估棋局的价值。

4）利用搜索技术，结合评估选择获得最优的走法。

5）建立游戏界面，用于人机交互。

本程序主要实现人机对弈和人人对弈两方面的功能，同时在程序中添加了相关的计时器以控制游戏双方的用时等，其基本功能如图 3-9 所示。

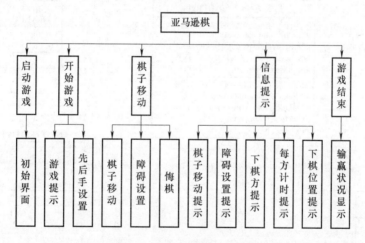

图 3-9　亚马逊棋的基本功能

本程序的主要功能为：在下棋过程中下棋者可以通过鼠标来控制下棋，计算机则自动下棋，下棋过程中若下棋者下错了位置可以通过悔棋功能进行悔棋，在下棋过程中计算机和下棋者各自有独立的计时器来计时，并在相应控件中显示落子的位置，下棋结束时能够显示输赢情况，可用于对博弈状况的分析。

下棋过程的流程图如图 3-10 所示。

人机博弈过程中计算机方下棋时估值和搜索算法是生成计算机下法的核心，博弈软件水平的高低主要取决于估值与搜索。

整个软件结构的 UML 模型如图 3-11 所示。

软件实现的语言和环境可以根据软件设计者对语言的熟悉情况来具体确定，上述的模型既可以用 VC（C ++ ）来实现，也可以用 Java 等其他面向对象的语言和环境来实现。图3-11主要描述的是软件的基本结构和不同部分之间的依赖关系，搜索算法与估值均在相应的类中

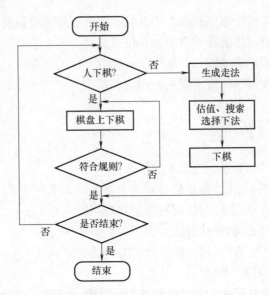

图 3-10　人机博弈基本流程

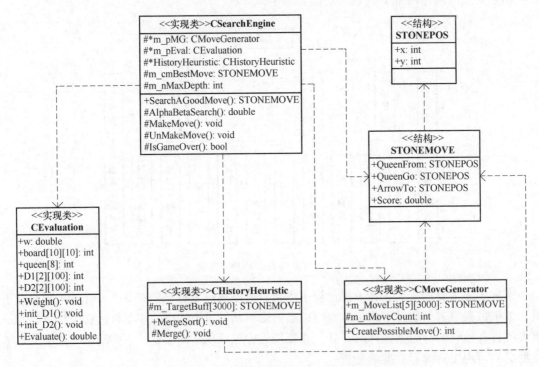

图 3-11　亚马逊棋软件的 UML 模型

实现，界面控制主要是将相应的功能在界面上显示出来。因此，读者可以根据实际情况将其移植到不同的编程环境中。下面对软件的一些主要功能及实现方法加以说明。

3.5.1　棋盘表示与数据处理

亚马逊棋的棋盘为 $n \times n$ 的棋盘，目前比赛标准用的棋盘为 10×10 棋盘。棋盘处理分为两个部分：一部分为棋盘的内部数据，一部分为棋盘当前状态的显示。在本示例中，用结构体来处理棋盘，棋盘上各个位置的状态可以用常量来表示，例如 0 表示棋盘位置为空，1 表示白棋，2 表示黑棋，3 表示障碍物等，读者也可以根据各自具体情况进行设置。

棋盘上格子的位置采用结构体来实现，基本结构如下：

```
01  typedef struct stonepos
02  {
03      int x;
04      int y;
05  }STONEPOS;
```

棋子在棋盘上下棋的路径用以下方式表示：

```
01 typedef struct stonemove
02 {
03     STONEPOS QueenFrom,QueenGo,ArrorTo;
04     double score;
05 }STONEMOVE;
```

上述用到的数据结构是基于 C 或 C++ 语言的，若采用其他语言实现时，参照上述结构进行适当的修改即可。例如，如果采用 Java 来实现棋子在棋盘上的位置，只需要将结构体改为类即可。

3.5.2　估值函数中的 $D_i^j(a)$ 的实现

估值函数中 $D_i^j(a)$ 的实现是整个估值和搜索的关键，其计算过程的基本流程如图 3-12 所示。

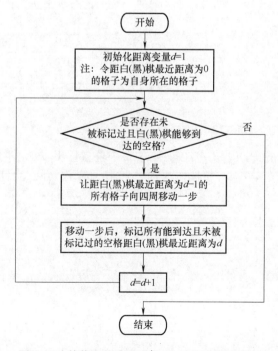

图 3-12　估值函数中的 $D_i^j(a)$ 计算过程示意图

实现过程中分别对 D_1 和 D_2 进行计算，伪码分别如下：

D_1 计算过程的伪码如下：

```
01   function void cal_D1(int j)              //j 指玩家
02   {
03       memcpy(D1[j],board,100 * 4)          //D1[j]初始化
04       int h1[100] = {白(黑)冠所在的四个位置}
05       int d = 1                            //距离变量
06       int n = 4                                //数组 h1 中储存的位置的个数
07       while(n > 0)
08       {
09           int h2[100] = {数组 h1 中每个位置按棋子走法向周围移动一步，
10                         到达的位置为空格且未被访问过(储存是位置)}
11           while(x)                         //x 为 h2 储存的位置
12           {
13               D1[j][x] = d
14           }
15           memcpy(h1,h2,100 * 4)
16           int n = 数组 h1 中储存的位置的个数
17           d = d + 1
18       }
19   }
```

D_2 计算过程的伪码如下：

```
01   function void cal_D2(int j)              //j 指玩家
02   {
03       memcpy(D2[j],board,100 * 4)          //D2[j]初始化
04       int h1[100] = {白(黑)冠所在的四个位置}
05       int d = 1                            //距离变量
06       int n = 4                                //数组 h1 中储存的位置的个数
07       while(n > 0)
08       {
09           int h2[100] = {数组 h1 中每个位置按棋子走法向周围移动一格，
10                         到达的位置为空格且未被访问过(储存是位置)}
11           while(x)                         //x 为 h2 储存的位置
12           {
13               D2[j][x] = d
14           }
15           memcpy(h1,h2,100 * 4)
16           int n = 数组 h1 中储存的位置的个数
17           d = d + 1
18       }
19   }
```

3.5.3 搜索算法的实现

搜索算法采用 α-β 搜索算法，并对该算法的过程进行了适当的改进，在搜索之前添加了对上一层搜索结果的排序以提高剪枝的效率，有效地减少了搜索估值的次数。搜索过程的流程图如图 3-13 所示。

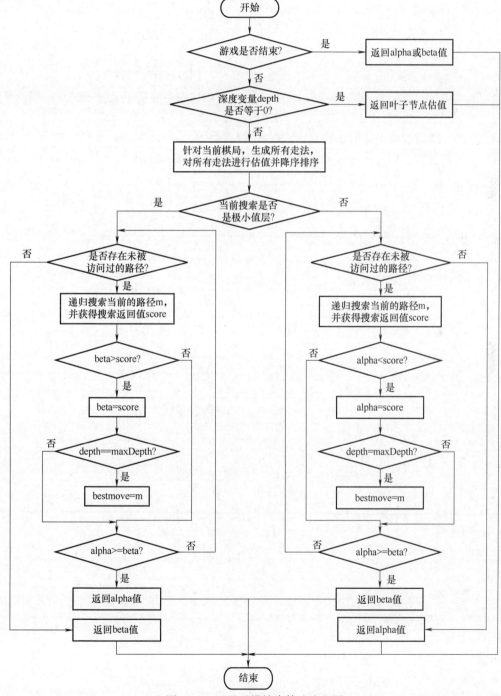

图 3-13　亚马逊棋搜索算法流程图

图中在计算机方进行下一层搜索之前先对所有已经生成的走法进行排序，在排序完成之后再进行下一层的搜索。

搜索过程的伪码如下：

```
01    function float AlphaBeta(int depth,float alpha,float beta)
02    {
03        if(Game over)                    //游戏结束
04            return eval()                //胜负已分,返回估值
05        if(depth ==0)
06            return eval()                //返回叶子节点估值
07        CreatePossibleMove all m         //产生所有可能的走法
08        MergeSort(m_MoveList[depth],Count,0)
09        //函数对走法数组按Score的值降序排序
10        if(Is Min Node)                  //若为极小值层
11        {
12            for(each possible move m)    //逐个进行每一个可能的走法
13            {
14                Make move m              //产生子节点
15                //递归搜索子节点
16                score =AlphaBeta(depth-1,alpha,beta)
17                UnMake move m            //撤销搜索过的子节点
18                if(beta > score)
19                {
20                    beta = score         //保存极小值
21                    if(depth ==maxDepth)
22                        bestmove =m      //保存最优走法
23                }
24                if(alpha >=beta)
25                    return alpha         //α 剪枝
26            }
27            return beta                  //返回极小值
28        }
29        else                             //极大值层
30        {
31            for(each possible move m)    //逐个进行每一个可能的走法
32            {
33                Make move m              //产生子节点
34                //递归搜索子节点
35                score =AlphaBeta(depth-1,alpha,beta)
```

```
36          UnMake move m              //撤销搜索过的子节点
37          if(alpha < score)
38          {
39              alpha = score          //保存极大值
40              if(depth == maxDepth)
41                  bestmove = m       //保存最优走法
42          }
43          if(alpha >= beta)
44              return beta            //β 剪枝
45          }
46      return alpha                   //返回极大值
47      }
48  }
```

在该搜索算法中，返回值类型使用了 float 型，这是由于在估值过程中的 f 因子是 float 型数据，通过适当的数据转换也可以将 float 型数据转换为 int 型数据，由于与前面的数据相对应，此处就不再进行转换。

3.5.4 走法生成器的实现

走法生成器是将当前局面所有可能的走法罗列出来的那部分程序，通过找到可以进行的走法来告诉程序后续的程序可以往哪里下棋。亚马逊棋的每一轮下棋由两步组成，在实际过程中每一轮需要形成两次走法生成的过程：第一步为下棋位子的走法生成，此时需考虑四个皇后的走法；第二步为选择下棋的皇后释放障碍的走法生成。由于走法生成之后还要对走法进行估值等，因此走法生成过程中最重要的是将查找出来的走法保存起来，以备后续程序使用。

生成可能的走法的过程需对下棋一方每个棋子在棋盘范围内从八个方向上进行搜索，确定所有可以下棋的位置，包括起始位置和终止位置，并将当前下棋路线、下完后的估值存入到数组中。

假设当前轮到白棋下棋，可下棋位置的搜索过程如图 3-14 所示。D8、D3、G4 和 H4 为四个白棋所在的位置，按 8 个方向进行搜索时若遇到障碍、棋盘边界、己方棋子和对方棋子时则结束该方向上的搜索，对搜索过程中找到的可以下棋的位置进行估值，并将当前下棋路线、下完后的估值存入到数组中，直至将所有需要搜索的棋子搜索完毕，存于数组的数据用于计算机下棋的选择。

走法生成器的基本结构如图 3-15 所示。

走法生成器主要由三部分构成：CreatePossibleMove( ) 为生成所有可能的走法；以 QueenFrom 开始的各个函数主要完成棋子在八个方向上所有能够到达的空格的搜索，八个方向分别是水平左、水平右、垂直上、垂直下、左上斜、左下斜、右上斜和右下斜；以 QueenGo 开始的各个函数是棋子在八个方向上能设置障碍的所有空格的搜索，八个方向与 QueenFrom 的八个方向含义相同。下面分别以伪码形式说明。

CMoveGnerator
#m_nMoveCount: int
−m_MoveList
+CMoveGenerator()
+~CMoveGenerator()
+CreatePossibleMove(): int
+QueenFromHorizonLeft(): void
+QueenFromHorizonRight(): void
+QueenFromVerticalUp(): void
+QueenFromVerticalDown(): void
+QueenFromLeftUp(): void
+QueenFromLeftDown(): void
+QueenFromRightUp(): void
+QueenFromRightDown(): void
+QueenGoHorizonLeft(): void
+QueenGoHorizonRight(): void
+QueenGoVerticalUp(): void
+QueenGoVerticalDown(): void
+QueenGoLeftUp(): void
+QueenGoLeftDown(): void
+QueenGoRightUp(): void
+QueenGoRightDown(): void

图 3-14 白棋可下棋位置
的搜索过程

图 3-15 走法生成器的基本结构

完成走法链 CreatePossibleMove( ) 函数的伪码如下：

```
01  function int CreatePossibleMove(int position[GRID_NUM][GRID_NUM],
02      int QueenFromX[4],int QueenFromY[4],int nPly,int Type)
03  {
04    m_nMoveCount = 0            //设置总的走法数起始为 0
05    for(int i = 0;i < 4;i ++)    //分别对四个棋子生成可行的走法
06    {
07      position[QueenFromY[i]][QueenFromX[i]] = EMPTY   //皇后移走
08      QueenFromHorizonLeft(position,QueenFromX[i],QueenFromY[i],nPly,
09              Type)      //水平左方向
10      QueenFromHorizonRight(position,QueenFromX[i],QueenFromY[i],nPly,
11              Type)      //水平右方向
12      QueenFromVerticalUp(position,QueenFromX[i],QueenFromY[i],nPly,
13              Type)      //垂直上方向
14      QueenFromVerticalDown(position,QueenFromX[i],QueenFromY[i],nPly,
15              Type)      //垂直下方向
16      QueenFromLeftUp(position,QueenFromX[i],QueenFromY[i],nPly,Type)
17              //左上斜方向
18      QueenFromLeftDown(position,QueenFromX[i],QueenFromY[i],nPly,
19              Type)      //左下斜方向
20      QueenFromRightUp(position,QueenFromX[i],QueenFromY[i],nPly,
```

```
21                        Type)      //右上斜方向
22      QueenFromRightDown(position,QueenFromX[i],QueenFromY[i],nPly,
23                        Type)      //右下斜方向
24      position[QueenFromY[i]][QueenFromX[i]]=Type      //皇后回到原位
25      }
26      return m_nMoveCount       //返回总的走法数
27  }
```

搜索棋子八个方向能到达的位置的伪码（示例给出的是水平向左的伪码，其他方向上的伪码类似）如下：

```
01  function void QueenFromHorizonLeft(int position[GRID_NUM][GRID_NUM],
02                  int QueenFromX,int QueenFromY,int nPly,int type)
03  {
04      int i=QueenFromY,j=QueenFromX;      //获得棋子起始位置
05      while(j>0 && position[i][j-1]==EMPTY)
06      {//生成障碍物走法
07        position[i][j-1]=type              //棋子来到的位置
08        QueenGoHorizonLeft(position,QueenFromX,QueenFromY,j-1,i,nPly)
09          //水平左方向
10        QueenGoHorizonRight(position,QueenFromX,QueenFromY,j-1,i,nPly)
11          //水平右方向
12        QueenGoVerticalUp(position,QueenFromX,QueenFromY,j-1,i,nPly)
13          //垂直上方向
14        QueenGoVerticalDown(position,QueenFromX,QueenFromY,j-1,i,nPly)
15          //垂直下方向
16        QueenGoLeftUp(position,QueenFromX,QueenFromY,j-1,i,nPly)
17          //左上斜方向
18        QueenGoLeftDown(position,QueenFromX,QueenFromY,j-1,i,nPly)
19          //左下斜方向
20        QueenGoRightUp(position,QueenFromX,QueenFromY,j-1,i,nPly)
21          //右上斜方向
22        QueenGoRightDown(position,QueenFromX,QueenFromY,j-1,i,nPly)
23          //右下斜方向
24        position[i][j-1]=EMPTY            //棋子离开
25        j--
26      }
27  }
```

搜索棋子八个方向能设置障碍物的位置的伪码（示例给出水平向左的伪码，其他方向

上的伪码类似）如下：

```
01   function void QueenGoHorizonLeft(int position[GRID_NUM][GRID_NUM],
02       int QueenFromX,int QueenFromY,int QueenGoX,int QueenGoY,int nPly)
03   {//水平左方向
04       int i=QueenGoY,j=QueenGoX//获得皇后来到的位置
05       while(j>0 && position[i][j-1]==EMPTY)
06       {//将可行的走法放进数组
07           m_MoveList[nPly][m_nMoveCount].QueenFrom.x=QueenFromX
08           m_MoveList[nPly][m_nMoveCount].QueenFrom.y=QueenFromY
09           m_MoveList[nPly][m_nMoveCount].QueenGo.x=QueenGoX
10           m_MoveList[nPly][m_nMoveCount].QueenGo.y=QueenGoY
11           m_MoveList[nPly][m_nMoveCount].ArrowTo.x=j-1
12           m_MoveList[nPly][m_nMoveCount].ArrowTo.y=i
13           m_nMoveCount++                  //走法个数自加
14           j--
15       }
16   }
```

第 4 章

点格棋的设计与实现

4.1 简介

点格棋是由法国数学家爱德华·卢卡斯在 1891 年提出的纸和笔的双人游戏，在欧洲比较流行，是国际计算机博弈锦标赛的比赛项目。在国际上有不少知名院校开发了相关软件，如 UCLA（加州大学洛杉矶分校）的数学系的 Tom 开发了棋力较高的相关软件，且其运算效率很高，同时还可以随时调整棋盘大小。近几年，由于国内计算机博弈锦标赛的开展，点格棋才逐渐被国内计算机博弈爱好者所熟悉。点格棋是中国大学生计算机博弈大赛中的主要比赛项目之一，也是参赛人数较多的项目之一。

点格棋属于典型的添子类游戏，非常适用于计算机博弈。游戏棋盘为 $n \times m$，典型的棋盘为 6×6，如图 4-1 所示。

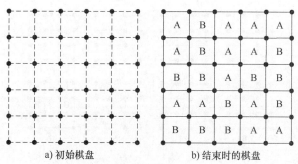

a) 初始棋盘   b) 结束时的棋盘

图 4-1　点格棋示意图

图 4-1a 所示为尚未下棋的棋盘，图 4-1b 所示为棋局结束时的棋盘。

也有部分点格棋是由 $n \times m$ 型点格棋变化而来，如三角形棋盘（如图 4-2 所示）等。

变形棋盘的下棋过程比标准棋盘的下棋过程更加复杂，在博弈中计算机方更加难以控制。

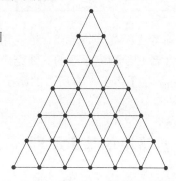

图 4-2　三角形棋盘

4.2　规则

目前，国际计算机博弈锦标赛和中国大学生计算机博弈大赛采用的比赛规则如下：

棋盘：比赛常用的棋盘为6×6点构成的方阵，可以连成5×5个方格。

玩法：

1）双方轮流将临近两点连成边，不可越点，不可重边，不可连对角线。

2）边不属于任何一方，只判断格子归属哪一方。

3）每个格子的四条边被占满时，这个格子属于最后一条边占有者所有。

4）占有格子后必须再连一条边，若继续占有格子则继续连边至游戏结束或不再占有格子为止。

5）格子全部围成后，游戏结束。

胜负：占领格子较多的一方获胜。

由于比赛采用的是6×6点构成的方阵，连成25个方格，因此比赛结果是肯定可以分出胜负的。下面用4×4的棋盘来说明点格棋的下棋过程，如图4-3所示。

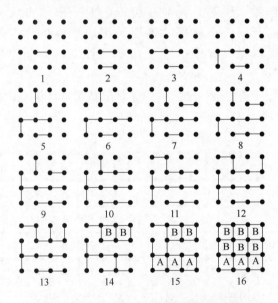

图4-3　4×4点格棋的下棋过程示意图

游戏者A首先开始游戏，绘制第一条直线，游戏者B绘制第二条直线，依次轮流绘制，直至游戏者B绘制完最后的直线结束比赛。比赛结果为B方占6个格子，A方占3个格子，B方所占的格子多于A方所占的格子，所以B方获胜。6×6的点格棋与4×4的点格棋走法相同。

4.3　点格棋的基本原理

点格棋的下棋方法与其他一般棋种略有不同，例如亚马逊棋、六子棋和苏拉卡尔塔棋等的下棋过程是每次通过一点来决定下棋的位置，而点格棋则是通过画线来确定位置，实际上是通过两点来确定下棋位置，因此，点格棋中的基本元素也与其他棋种略有不同。下面具体介绍点格棋涉及的一些原理。

4.3.1 基本概念

本节主要介绍在点格棋中用到的一些基本概念。

1）自由度：格子中未被占领的边的条数。初始时每个格子的自由度为 4，结束后每个格子的自由度为 0。随着棋局的变化，自由度在不断地变化，自由度用于判断棋局中格子的变化状态。

2）C 形格：当且仅当格子的自由度为 1 时的格子称为 C 形格。当一个格子成为 C 形格时，下棋方只需下在最后一边就完成对格子的占领。

3）相邻：坐标分别为 (i, j) 和 (k, l) 的两个格子称为相邻的条件为，当且仅当 $|i-k| + |j-l| = 1$，并且两个公共边未被占领。例如，有 6×6 点格棋如下：

$$
\begin{bmatrix}
(1,1) & (1,2) & (1,3) & (1,4) & (1,5) & (1,6) \\
(2,1) & (2,2) & (2,3) & (2,4) & (2,5) & (2,6) \\
(3,1) & (3,2) & (3,3) & (3,4) & (3,5) & (3,6) \\
(4,1) & (4,2) & (4,3) & (4,4) & (4,5) & (4,6) \\
(5,1) & (5,2) & (5,3) & (5,4) & (5,5) & (5,6) \\
(6,1) & (6,2) & (6,3) & (6,4) & (6,5) & (6,6)
\end{bmatrix}
$$

若 $(1,1)$ 和 $(1,2)$ 的公共边未被占领，则 $(1,1)$ 和 $(1,2)$ 两个格子称为相邻。

4）一轮（Turn）：参加对弈的一方从开始走棋到走棋结束而换成另一方开始下棋为止称为一轮。

5）一步（Move）：每轮下棋中的一步棋。

6）补格：在一轮下棋过程中，下棋方下完一步棋后完成对一个格子的占领（占领 C 形格），就需要继续下另一步棋直至不再占领格子时结束。

注：一轮与一步的区别就在于补格，如果一轮中有补格，那么，这轮棋就包含多步棋，如果一轮中没有补格，则一轮与一步是等价的。

7）链（Chain）：存在一组格子 $BS = \{b_0, b_1, \cdots, b_i, \cdots, b_n\}$，有 $b_i (\forall b_i \in BS)$ 的自由度为 2，且 b_0 与 b_n 之间最多只有一个相邻属于 BS，其余所有格子均有两个相邻，并有这两个格子均为 BS 中的格子，那么，BS 称为链，b_0 与 b_n 称为该链的端点，b_0 与 b_n 可以为同一个格子。

链又可以分为短链和长链。

① 短链（Short Chain）：由一个或两个格子组成的链称为短链。

② 长链（Long Chain）：由三个或三个以上的格子组成的链称为长链。

图 4-4 为不同类型的链的示意图。

在图 4-4 中，a 和 b 为短链，a 区域为一个格子，b 区域为两个格子，c 区域为七个格子组成的长链。

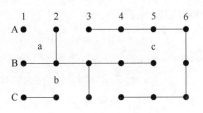

图 4-4 不同类型链的示意图

长链和短链的区别在于，在同一个链中，当一方在链中完成一条边，另一方在同一链中下棋，如果没有选择的权利，这样的链就称为短链，如果另一方在下棋过程中可以根据情况不去占领所有的格子，可以采用让格策略，这样的链就称为长链。图4-5是对长链和短链下棋过程的说明。

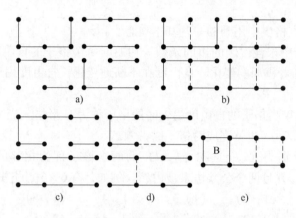

图4-5 长链、短链示意图

图4-5a所示为各种短链，当一方在短链中下一步棋，则形成图4-5b所示的棋局，或相似的棋局，此时，对手在该链中下棋则会占领所有的格子，无法利用该链使用让格策略，这样在这一轮下棋过程中就失去主动权，这类链就是短链。图4-5c中的链包含三个格子，在一方下一步棋之后可能形成图4-5d所示的棋局，或形成相似的棋局，此时，轮到另一方下棋，这时，下棋方有多种选择，图4-5e就是下棋方的一种选择，下棋方首先占领一个格子B，余下两虚线位置作为进一步的选择，若下在左侧虚线位置，则失去主动权，若下在右侧虚线位置，则由另一方继续下棋，具有这类性质的链就是长链。

8）环（Circle）：存在一组格子，$R = \{b_0, b_1, \cdots, b_i, \cdots, b_n\}$，有$b_i(\forall b_i \in BS)$的自由度为2，且$b_i$均有两个相邻，这两个格子均为$R$中的格子，那么，$R$就称为环。环通常是首尾相连的长链，至少有四个格子。

图4-6表示了两种环，左侧的为包含四个格子的环，右侧的为包含六个格子的环。通常，当一方在环中下了一步棋之后，另一方就可以占领环中所有的格子。

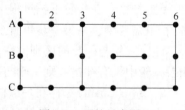

图4-6 环的示意图

9）双交（Double Cross）：下棋方一步就可以占领两个格子的情形叫作双交。

如图4-7所示，每个可下位置均可每次占领两个格子，共有4个双交。短链、长链和环都可以形成双交。

在图4-8a中，a1、b1和c1分别为短链、长链和环，图4-8b的a2、b2和c2中新下的边为对方所下，现在轮到己方下边，按照虚线标号的顺序下边可以产生让格。如果短链和长链中形成双交，下棋方至少损失两个格子，如果在环中形成双交，下棋方至少损失四个格子。若主动下出双交格局，通常是在选择其他位置下棋时会损失更大，此

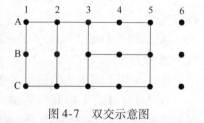

图4-7 双交示意图

时，选择下出双交格局，目的是通过这步棋来获得主动权，并获得更大的利益。

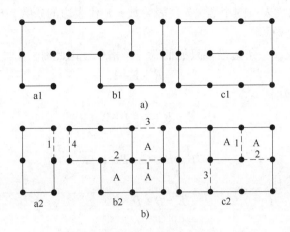

图 4-8　形成双交的棋型

10）残局：在下棋过程中形成只有长链和环的棋局称为残局。

11）接合点：如果一个格子的自由度为 3，那么，这个格子就称为接合点。

4.3.2　基本理论

点格棋在下棋过程中，长链和环是经常出现的两种基本形状，对长链和环的处理也是点格棋取胜的关键。长链的个数和奇偶性通常是决定胜负的关键。

引理 1　在点格棋对弈过程中，最后一轮的走棋方是强迫对手率先进入长链或环中走棋的一方。

说明：先手一方一直在走奇数轮棋，后手一方一直在走偶数轮棋，如果先手方想赢得对弈，最后一轮应由先手方完成补格，总共有奇数轮棋，如果后手方想赢得对弈，最后一轮应由后手方完成补格，总共有偶数轮棋。

定理 1　无论棋盘的尺寸如何，总有以下式子成立：

$$Dots + DoubleCrosses = Turns \qquad (4-1)$$

其中，Dots 指的是初始棋盘点的个数，DoubleCrosses 指的是棋局结束时共形成的双交的个数，Turns 指的是棋局结束时，共经历了多少轮棋。

下面用两种方法来说明定理 1。

1）方法一：假设初始化的点格棋的棋盘是一个 $m \times n$ 的点阵，因此有

$$点的数量 = m \times n$$
$$行边的数量 = m \times (n-1)$$
$$列边的数量 = n \times (m-1)$$
$$格子的数量 = (m-1) \times (n-1)$$
$$Turns = 边的数量 + DoubleCrosses - 格子的数量$$
$$= m \times (n-1) + n \times (m-1) + DoubleCrosses - (m-1) \times (n-1)$$
$$= m \times n - 1 + DoubleCrasses$$
$$= Dots + DoubleCrosses - 1$$

由于在最后一轮中不会形成双交，故在等式的右面还需要加 1，由此，得到定理 1。

2）方法二：设 D 代表点的个数，T 代表轮数，E 代表边的条数，B 代表格子的个数，C 代表最后形成双交的个数。

如果没有双交形成，一条边最多只能捕获一个格子，因此有

$$E = B + T - 1$$

当有 C 个双交形成时，有

$$E - C = B + T - 1 - 2 \times C$$

简化得到

$$E = B - C + T - 1$$

根据图的相关理论有

$$E = B + D - 1$$

两式联立得到

$$T = D + C$$

长链定理　如果棋盘共有奇数个点，则先手方应当形成奇数条长链以取胜，后手方应当形成偶数条长链以取胜；若棋盘有偶数个点，则先手方应当形成偶数条长链以取胜，后手方应当形成奇数条长链以取胜。

长链定理是由定理 1 直接推理而来，下面进行说明。

假定点（Dots）的总数是偶数，由定理 1 可知，轮数（Turns）是奇数，当且仅当双交（DoubleCross）是奇数。

这是因为

$$奇数 + 偶数 = 奇数$$
$$奇数 + 奇数 = 偶数$$

在棋局的残局阶段，玩家将控制局面，通过在每条链（除了最后一条）形成一个双交，而在环中可以形成两个双交。如果在残局阶段之前没有形成双交，则可以有如下结论，即双交的计算公式为

$$DoubleCrosses = LongChain - 1 + 2 \times Circle \qquad (4\text{-}2)$$

式中，LongChain 为长链的总数，Circle 为环的总数。

因此，当长链是偶数的时候，DoubleCrosses 是奇数，Turns 也是奇数。

先手下棋方应该致力于将 Turns 变为奇数（最后一条链留给先手），那么，长链就是偶数；后手方应该致力于将 Turns 变为偶数（最后一条链留给后手），那么，长链就是奇数。

如果 Dots 是奇数，其推理过程与上述过程相似。

对于 6×6 的点格棋，共有 36 个点，即点的个数为偶数，那么，先手方应当致力于形成偶数条长链以取胜，后手方应当致力于形成奇数条长链以取胜。

利用以上定理，分析图 4-9 所示的棋型（以 4×4 棋盘为例，有助于理解）。

在 a1 中，轮到先手下棋，先手下棋要致力于形成偶数条长链，因棋局的右侧已经有一条长链，因此可以选择 a2 中虚线的位置下棋，形成两条长链。

在 b1 中，轮到后手下棋，后手下棋要致力于形成奇数条长链，因此可选择 b2 中虚线的位置，阻止形成两条长链。

在 c1 中，轮到先手下棋，先手下棋要致力于形成偶数条长链，因棋局右侧已经有一条

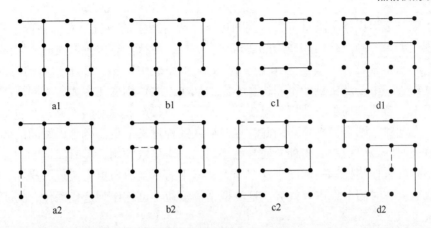

图 4-9　基本原理应用示例图

长链，然而，在这个棋局中已经无法形成两条长链，因此，要形成一个双交来交换长链的奇偶性，因此，可选择 c2 中虚线位置的下法，形成一个双交。

在 d1 中，轮到后手下棋，后手要致力于形成奇数条长链，此时上方已经有一条长链，因此，后手放弃右下角的格子，选择 d2 中虚线位置下棋，防止形成两条长链，保证长链在控制之中。

图 4-9 通过不同的下棋方和棋型在 4×4 棋盘上的下棋过程分析了长链定理的应用，下面再以标准的 6×6 棋盘为例进行分析。

在图 4-10a 中，上下两部分已经各自形成一条长链，此时轮到先手下棋，先手下棋要致力于形成偶数条长链，因此，要防止形成第三条长链，此时可以形成第三条长链的位置在左上角，先手方需将其破坏掉，选择图 4-10b 中虚线位置下棋，就可有效防止形成第三条长链。

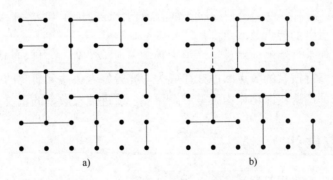

图 4-10　标准棋盘中长链定理的使用

4.4　搜索算法

目前，点格棋的比赛通常是包干计时，每方使用的时间大致为 15min，有效利用比赛时间是点格棋搜索和估值设计的一个重要的参考依据。

点格棋常用的搜索算法与亚马逊棋类似，采用的也是 $\alpha\text{-}\beta$ 搜索算法，但由于点格棋的棋盘要远小于亚马逊等棋种，随着下棋过程的进行，所需搜索的位置的总数下降的速度很快，在下棋过程中如果开局、终局和残局的搜索深度一样，将比较难以控制时间，大多数情况下是浪费很多时间，有时一方甚至总用时不到5min就完成整盘棋，多于一半的时间被浪费。若搜索深度深了，由于点格棋的不同边在不同的层次上的作用变化很大，不同层次花费的时间差异也很大，若在开局阶段使用了过多的时间，往往又造成总时间不够，在包干计时的比赛中，若一方超时，则直接判负。因此，点格棋在某种意义上更需要考虑时间的影响。

针对这类时间难以控制的棋种，通常可采用的方法是双控制，即时间控制和搜索深度控制并举，用时间来控制搜索的深度。这个同人类棋手的下棋习惯更为接近。这样，在中局或残局阶段往往会在时间上更占有优势。这类搜索算法通常也称作为迭代深化，其实现过程的伪码如下：

```
01  while(i < searchDepth)
02  {
03      AlphaBeta(i,alpha,beta)
04      if(time > 60(seconds)
05          break;
06      i ++;
07  }
```

其中，AlphaBeta（i，alpha，beta）将在第4.6.3小节中给出具体实现过程的伪码。

使用迭代深化，在进行第 d 层的搜索时往往可以从第 $d-1$ 层的搜索结果中获得一些启发信息，使整个搜索过程比不进行迭代深化的搜索过程更快速。

最常用的也是最简单的方法就是以 $d-1$ 层搜索出的最佳走法作为 d 层的最先搜索的分支。因为相邻两层之间的搜索有一定的相似性，所以，这一分支很有可能是最佳的。

α-β 剪枝搜索算法对节点的排列顺序非常敏感，合适的排序方法会极大地提高搜索过程的剪枝效率，使得后继的搜索效率更高。

由于基于 α-β 搜索算法的剪枝效率在很大程度上取决于节点的排列顺序，所以，利用已有的搜索结果来调整待搜索的节点顺序往往成为博弈爱好者关注和研究的问题，目前比较优秀的博弈软件几乎都把迭代深化作为调整节点顺序、改进搜索效率的重要手段。

4.5 估值函数设计

点格棋估值算法主要依据的是长链定理，目标是根据棋盘局面保证板块的奇偶性。整个下棋过程大致可分为开局、中局和残局三部分：开局部分主要实现棋盘划分、板块规划；中局部分主要以长链定理为核心，通过让格、短链及环相互配合来完成；残局阶段主要考虑采用贪婪走法还是采用让格走法。贪婪走法是指不放过每一个可以形成格子的走法，只考虑眼前利益；让格走法是指构成双交，争取最后"秋收"。让格走法在实施过程中强迫对手最先进入长链，当这种状态产生后，通过每次留下两个格子来保持这种状态，这样，就能极大提高赢棋的概率。

假设用如下结构来处理边的结构：

```
01   Class Edge//双向链表
02   {
03     public:
04       Edge * nextEdge(Edge * prev);        //寻找节点的下一条边
05       Node * nextNode(Edge * next);
06       TwoNode getTwoNode();                //边两侧两个节点的坐标
07     public:
08       Edge * next;                         //后继
09       Edge * prev;                         //前驱
10       Edge * parent;                       //形成链后会用到
11       Node * node[2];                      //边左右两个格子
12       int length;                          //边的长度,可能会形成长链
13       int removed;                         //边是否被移动
14       int val;                             //边的价值
15   }
```

然后，构造

```
Edge move[3]      //每个元素都可以形成一个链表
Edge chain[10]    //长链数组
Edge cycle[9]     //环数组
```

move[0] 是一个链表，链表中的每个元素代表一条可下边。初始化棋盘后，所有的边都存放在 move[0] 中，move[1] 中的元素都是长度为 1 的短链，move[2] 中的元素都是长度为 2 的短链。若长度大于 2 则采用长链数组和环数组表示，长链和环的长度分别放入相应的下标链表中。例如，如果链的长度为 3，则将这条链放入 chain[3] 中；如果链的长度大于 9，则将数据保存到 chain[8] 中；如果环的长度大于 8，则保存到 cycle[8] 中。通过上述过程确定估值过程中的基本数据结构，并可以把下棋过程分割成以下四个部分：

1）开始阶段：即生成链和环的阶段，主要处理 move[0] 中的边。

2）中间阶段：所有出现的链和这些链的长度都已经确定。

3）链阶段：此时只有短链、长链和环存在，主要处理 move[1] 和 move[2]。

4）残局阶段：只有长链和环存在，此时主要处理 chain 和 cycle 问题。

初始化棋盘后，将所有的边放入到 move[0] 中，移动边 edge 有下列情况需要处理：

1）移动边时，格子没有边，只需要将 edge 从 move[0] 中删除，如图 4-11a 所示。

2）移动边时，格子内有一条边，移动边后形成短链，此时，将短链放入 move[1] 中，如图 4-11b 所示。

3）移动边形成长链，将长链放入到 chain 中，如图 4-11c 所示。

4）移动边形成环，将环放入 cycle 数组中，如图 4-11d 所示。

从上面过程可以看出，任意的边的形状都可以放入到不同的链中，只需要根据链的情况使用相应的棋型即可。在前面的原理中还讲到用补格技术来控制形成长链的奇偶性，

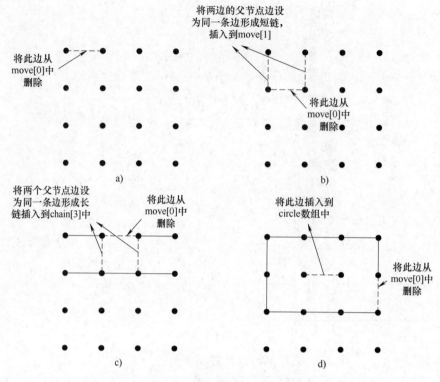

图 4-11　数据处理过程示意图

由于形成补格情形与短链等价，因此不到残局阶段，不产生补格，这样就可以控制在下棋过程中对手占领的格子数，使得己方在最终残局阶段，即长链和环处理的过程中，在总局势上占优。

　　这样，在下棋过程中只需要在 move、chain 和 cycle 中寻找可下的边，对每条边进行估值，通过快速估值，按照 move、cycle、chain 的顺序将边填入棋盘，一直到残局阶段，然后对残局进行估值，判断赢多少格子，以此作为估值的初步，因残局阶段只有环和长链，很容易得到正确的估值，再将此估值向上层返回，递归得到可行边的估值，从而选择最佳边的位置。

　　下面以 4×4 棋盘（如图 4-12 所示）为例，说明估值的过程。

　　对方走棋结束，计算机调用 allMove = createPossibleMove( )选择所有的可下边，记 allMove 中任意一条边为 edge1（如图 4- 13a 中的虚边），对边 edge1 进行估值。调用 my-FastEvaluation( ) 估值函数对可下的边进行估值。myFastEvaluation( ) 是一个递归函数，它将 move[0]、move[1]、move[2]、cycle、chain 中的边依次放入棋盘中，直到棋局结束，返回估值0，最后通过递归得到的估值就是 edge1 的估值。下面是 myFastEvaluation( ) 的具体估值方法：

图 4-12　对方下棋时局面

```
val =myFastEvaluation()          //进行快速估值
```

对于短链,有

```
  val =val-i
```

对于长链,有

```
if(val >2)             //如果 val 的值大于 2,走棋方将会让 2 格,使 val 的值更大
  val =5-edge-> length-val
else
  val =val-edge-> length + 1
```

对于环, 有

```
if(val >4)             //如果 val 的值大于 4,走棋方将会让 4 格,使 val 的值更大
  val =8-edge-> length-val
else
  val =val-edge-> length
```

待 allMove 对所有可下边都估值后,比较这些边,选择估值最大的边。图 4-13 显示了计算机下棋的估值过程。

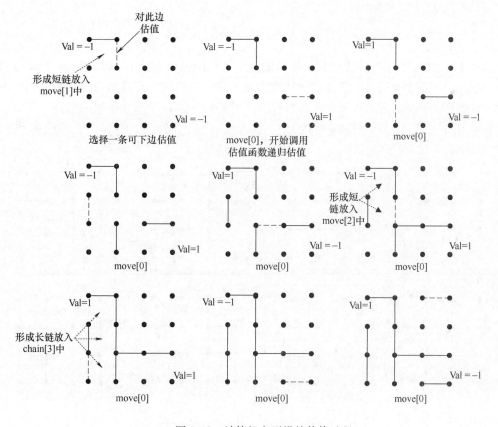

图 4-13   计算机方下棋的估值过程

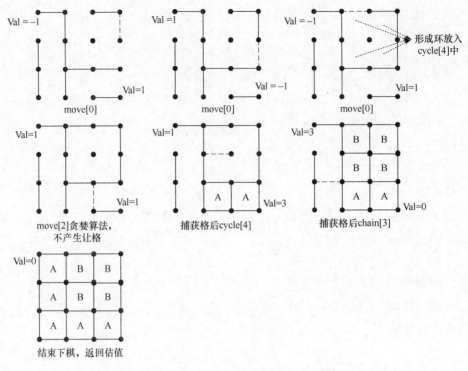

图 4-13　计算机方下棋的估值过程（续）

在图 4-13 的第一个图的虚边代表要估值的边，其他图是快速估值 myFastEvaluation（）递归形成的棋盘。图右上角的 Val 值为每次计算所得，图左下角的 Val 值为每次递归返回的值，这些值是从最后一个图向前递推所得。可以看出，图 4-13 的第一个图中虚边的估值为 −1。

在初始化 move［0］中，每局棋的顺序不一定相同，因此，可能产生不同的棋局。图 4-14 所示就是由于不同的初始化方法形成不同的结果。

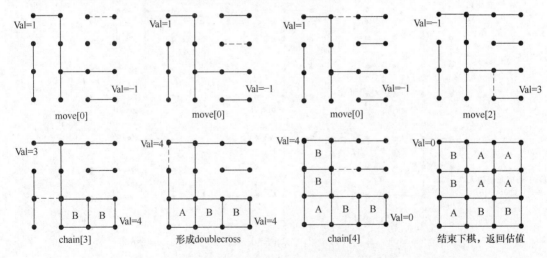

图 4-14　不同初始化 move［0］产生的不同棋局

使用图 4-13 所示的方法可以依次对不同的边进行估值，最后获得最佳的下法。

4.6 程序的设计与实现

点格棋的程序与其他博弈程序类似，人机博弈大致由搜索、估值和界面等几部分组成。下面从整体结构出发，以搜索和估值为重点介绍点格棋软件的设计。

4.6.1 基本结构

点格棋软件的基本结构如图 4-15 所示。

界面模块主要实现软件的一些基本功能，如悔棋、搜索深度设置、下棋的先后手等，搜索和估值模块主要实现计算机下棋时找到最佳位置，棋盘表示模块主要完成在棋盘上的操作，即可视化下棋过程。点格棋软件的核心部分为搜索和估值，即完成计算机方下棋。

人机对弈的总体流程如图 4-16 所示。

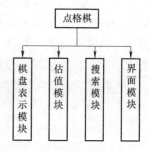

图 4-15　点格棋软件的基本结构

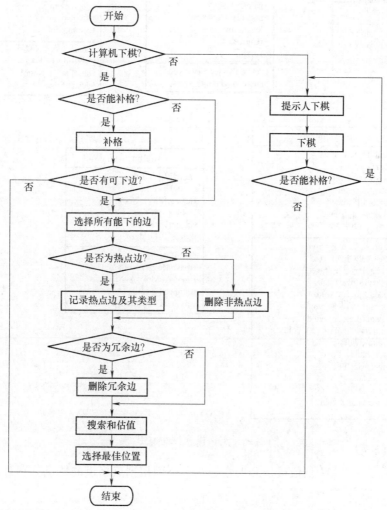

图 4-16　人机对弈的总体流程图

其中，搜索和估值部分的具体实施流程在第 4.6.3 小节中具体描述。

图 4-17 是关于热点边和冗余边的示意图，具体说明如下：

1）热点边：长度为 2 确定的短链。如图 4-17 中短链 a 和 b，它们的走法相同。所以，在搜索和估值时，只需对 move［2］中形成短链 a 和 b 的一条边估值即可。

2）冗余边：点格棋的每个角落上的两条边是等价的，可以看成一条边，如果这两条边都可以下棋，那么，可以只需对一条边进行估值，即存在冗余。例如，图 4-17 中 c 和 d 都有一边是冗余的，没有必要都进行搜索和估值。

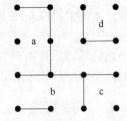

图 4-17　热点边和冗余边

点格棋软件的 UML 模型如图 4-18 所示。

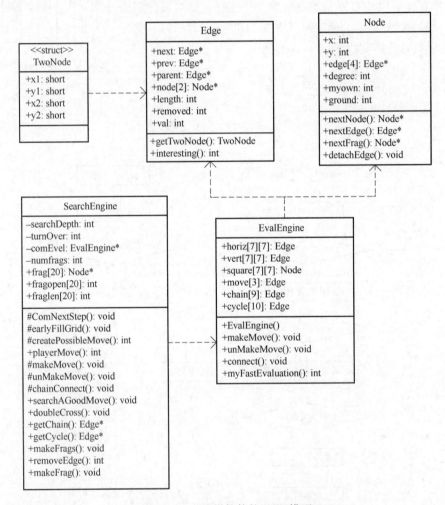

图 4-18　点格棋软件的 UML 模型

该模型中核心模块为估值模块和搜索模块，下面根据点格棋的特点分别对点格棋的数据表示以及估值和搜索进行描述。

4.6.2　点格棋的数据表示

点格棋与亚马逊棋、六子棋等棋种不同，其下棋过程是针对边和格子进行，由点组成边，由边组成格子。点与边和格子存在相互关系，在格子数据中直接处理点。格子数据的表示方法如下：

```
01   Class Node
02   {
03      public:
04          TwoNode getTwoNode();
05          Edge * NextEdge(Edge * prev);       //寻找节点的下一条边
06          Node * NextFrag(Edge * next);
07          Node * NextNode(Edge * next);
08       public:
09          int x,y;                            //节点的位置
10          Edge * edge[4];                     //每个格子有 4 条边
11          int degree;                         //还剩多少条边,初始为 4
12          int myown;                          //记录格子由哪方获得
13          int ground;                         //是否是棋局外围的节点
14   }
```

整个点格棋的格子都存储在一个数组中：

Node square[7][7];

存放格子的数组 square 用于存储点格棋棋盘中的 49 个格子，ground 值为 0，其中外围的行和列存放的不是由普通棋盘所对应出来的真正格子（ground 值为 1），而只是为了便于程序处理而额外添加的。数组中的每一个元素是一个 Node 类型的变量，其包含与之相连的四条边的指针数组、点的度数 degree、表示格子最终被哪一方捕获的 myown、用于标识是否是真格子的 ground。

在格子的数据处理中用到了边，边的表示方法如下：

```
01   Class Edge//双向链表
02   {
03      public:
04          Edge * nextEdge(Edge * prev);       //寻找节点的下一条边
05          Node * nextNode(Edge * next);
06          TwoNode getTwoNode();               //边两侧两个节点的坐标
07      public:
08          Edge * next;                        //后继
09          Edge * prev;                        //前驱
10          Edge * parent;                      //父节点形成链后使用
11          Node * node[2];                     //边左右两个格子
12          int length;                         //边的长度,可能会形成长链
```

```
13          int removed;              //边是否被移动
14          int val;                  //边的价值
15    }
```

水平边数组中每一个数组元素表示这条边的位置，以及依附于它的最左格子的坐标。例如，horiz [1][0] 表示它是一条水平边，它是由 square [1][0] 与 square [1][1] 两个格子相连而成。竖直边二维数组中每一个数组元素表示这条边的位置，以及依附于它的最上边格子的坐标，例如，vert [0][1] 表示它是一条竖直边，它是由 square [0][1] 与 squrare [1][1] 两个格子相连而成。对于水平边和竖直边二维数组，其每一个元素为一个 Edge 类型的变量。其中 Edge 类型属性有指向附加于这条边的两个点（即格子）的指针；表示这条边是否已被去除的 removed 变量，即对应在普通棋盘中此条边是否被添加到棋盘上；表示这条边的长度的 length 变量，这个值主要是指在后期程序中所形成的链或者环时，一整条边的长度。

4.6.3 估值模块和搜索模块的实现

估值和搜索是点格棋软件的核心部分，为计算机方在下棋过程中找出最合理的位置，具体的实现流程图如图 4-19 所示。

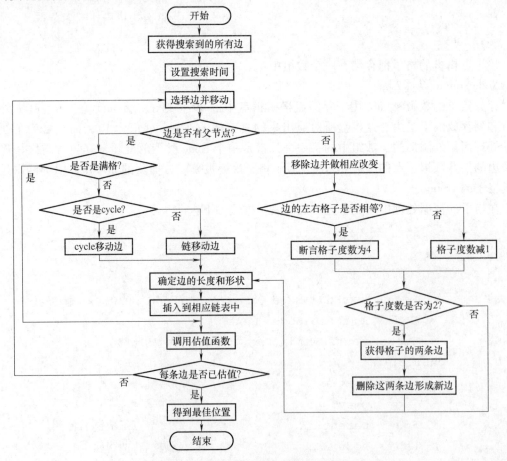

图 4-19 点格棋最佳位置搜索流程图

搜索和估值主要涉及的技术包括链的判断、双交的判断、形状的估值和搜索等。下面分别以伪码形式给出各部分的主要内容。

链和环处理的伪代码如下：

```
01  function void chainConnect (Node * node)//函数中 newedge 为要形成的链或者环
02  {
03      for (k = 0;j 0 to 4)
04      {
05          if (edges[k] = node-> edge[j])
06          //将边的所指向的两个节点的左边表示出来
07              k ++                        //edges 为边数组,有两个元素
08          endif
09      }
10      if (edges[0] == edges[1])           //如果边形成了环
11          newedge-> length = edges[0]-> length
12          edges[0]-> parent = newedge
13          REMOVE (edges[0])
14          newedge-> node[0] = newedge-> node[1] = NULL
15          if (edges[0]-> length < 9)
16              INSERT (newedge,& cycles[k])
17              //如果长度小于 9 将其直接放在数组,如果不是,则放入 cycle[8]
18          else
19              for (pe =&cycles[8]; edges[0]-> length >pe-> next-> length
20                  pe = pe-> next)
21              {
22                  INSERT (newedge,pe)
23                  //归中处理,并将边放入相应位置
24              }
25          endif
26      else        //证明边形成的链
27          newedge-> length = edges[0]-> length + edges[1]-> length
28      //链的总长度
29          for (j 0 to 2)
30          {
31              edges[j]-> parent = newedge
32              //父节点即所形成的另外一边,只是变量出现了一点变化
33              REMOVE (edges[j])
34              k = (edges[j]-> node[0] == node)      //对此条边的其他处理
35              newedge-> node[j] = edges[j]-> node[k]
```

```
36              }
37              k = newedge->length-1              //链的长度
38              if(k<3)          //如果父节点或者说新边的长度在 3 的范围之内,
39              //证明其仍然在 move 里面,也就是说没形成任何链或环
40                  INSERT(newedge,&move[k])//短链
41              elseif(k<10)                        //长链
42                  INSERT(newedge,&chain[k])
43                  //如果在适当范围之内,直接放入数组中
44              else      //如果长度过长,全都放在下标为 9 的数组里
45                      //找到最后一次插入的位置,再在其后再次插入
46                  for(pe=&chain[9]; newedge->length >pe->next->length
47                      ; pe=pe->next)
48                          INSERT(newedge,pe)
49              endif
50      endif
51  }
```

对于双交,主要判断形成一个双交还是形成两个双交,其伪代码如下:

```
01  function void DoubleCross()
02  {
03      int steps = fragopen[0] ? fraglen[0]-2: fraglen[0]-4
04      for(i 0 to steps)
05      {
06          edge = node->NextEdge(edge)
07          node = node->NextFrag(edge)
08      }
09      dcn = node
10      dce = edge
11      edge = node->NextEdge(edge)
12      node = node->NextFrag(edge)
13      edge = node->NextEdge(edge)
14      if(dce)
15          dcn->DetachEdge(dce)
16          dcn->degree--
17      endif
18      removeEdge(edge)          //移除边后将形成双交
19  }
```

估值函数采用递归的方法进行。不断地递归,直到最后阶段,然后进行估值。估值算法

的伪码如下：

```
01  function int myFastEvaluation()
02  {
03      for(i 0 to 3)                   //判断所有 move 数组中的元素
04      {
05          edge = move[i].next
06          if(edge !=&move[i])         //判断链表中是否只有一个元素
07              makeMove(edge)
08              myFastVal = myFastEvaluation()- i
09              unmakeMove(edge)
10              return-myFastVal
11          endif
12      }
13      if((edge = GetChains())!=NULL)
14          makeMove(edge)
15          myFastVal = myFastEvaluation()- i
16          unmakeMove(edge)
17          if(val >2)                  //对链中的值进行修改
18              val = 5-edge-> length-val
19          else
20              val- = edge-> length-1
21          endif
22          return-myFastVal
23      endif
24      if((edge = GetCycle())!=NULL)
25          makeMove(edge)
26          myFastVal = myFastEvaluation()- i
27          unmakeMove(edge)
28          if(val >4)                  //对环中的值进行修改
29              val = 8-edge-> length-val
30          else
31              val- = edge-> length
32          endif
33          return-myFastVal
34      endif
35  }
```

搜索算法采用所述的迭代深化的 α-β 搜索算法。迭代深化的伪码如下：

```
01    function void IDAlphabeta()
02    {
03        createPossibleMove()              //寻找所有可以下棋的位置
04        for(depth 1 to nMaxDepth)
05        {
06            if(times > n seconds)
07                break
08            endif
09            selectSort(allMoves)          //对可行边的 val 值进行排序,初始值为 0
10            alphabeta(alpha,beta,depth)//将 alphabeta 搜索的值赋给第一层每条边
11        }
12        bestmove = selectValMax(allMoves)//选择值最大的边
13        ComNextStep(bestmove)              //移动边
14    }
```

α-β 剪枝函数的伪码如下:

```
01    function void alphabeta(alpha,beta,depth)
02    {
03        if(depth  <=0)
04            return myFastEvaluation()
05        endif
06        for(i 0 to 3)          //createPossibleMove 短链和短边的情况
07        {
08            for(;edge; edge = move[i]->next)
09                makeMove(edge)
10                val = alphabeta(-beta,-alpha,depth-1)-i
11                unmakeMove(edge)
12                pruning()
13        }
14        while(edge = GetChain())
15        {
16            makeMove(edge)
17            val = alphabeta(-beta,-alpha,depth-1)
18            unmakeMove(edge)
19            if(val >2)
20                val =5- edge-> length- val
21            else
22                val - = edge-> length-1
```

```
23          endif
24          pruning()
25      }
26      while(edge = GetCycle())
27      {
28          makeMove(edge)
29          val = alphabeta(-beta,-alpha,depth-1)
30          unmakeMove(edge)
31          if(val > 4)
32              val = 8 - edge-> length - val
33          else
34              val - = edge-> length
35          endif
36          pruning()
37      }
38  }
```

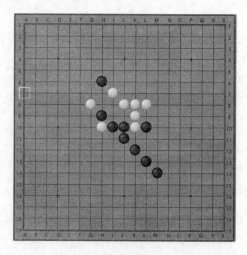

第 5 章

六子棋的设计与实现

5.1 简介

六子棋游戏来源于五子棋，一般五子棋的下法具有相当的不公平性，每当黑方下完一颗棋子之后，盘面上就比白棋多一颗棋子，而白方下完之后，最多与黑方打平。在 20 世纪，已有计算机专家证明先下必胜。1998 年，国际五子棋协会（Renju International Federation，RIF）发展了新的五子棋国际标准，进一步限制黑棋先行的优势。但对于顶尖棋手或程序而言，对公平性的要求是相当高的，若某些棋型被证明为必胜或必败，则对顶尖棋手或程序就少了很多变化。2003 年，国际五子棋协会再次征集五子棋规则，以更进一步加强五子棋的公平性，日本两位学者 Sakata 及 Ikawa 提出，五子棋的棋盘越大就越增加黑棋赢棋的可能性，目前采用的棋盘已减小到 15 × 15，但太小的棋盘很容易让计算机算出五子棋的胜负。

2003 年，台湾交通大学资讯工程系吴毅成教授提出了一系列 K 子棋，其中最有意思的是六子棋，由于其规则简单，游戏公平，玩法复杂，因此逐步得到推广。自 2006 年起，六子棋已成为国际计算机博弈锦标赛比赛项目；2007 年 10 月，第二届中国机器博弈锦标赛中首次加入六子棋项目；六子棋也是中国大学生计算机博弈大赛的比赛项目之一。

当前最广泛采用的六子棋棋盘与围棋棋盘相同，为 19 × 19 棋盘，如图 5-1 所示。到目前为止，还没有人能证明六子棋是不公平的。

六子棋早先的英文名称为 Ren6，但由于与五子棋的英文 Renju 名称相近，故改为 Connect6，中文的六子棋也由此而来。2003 年，开发出首例六子棋计算机程序。六子棋计算机程序发展比较好的有中国、日本和荷兰等国家和地区，北京理工大学棋手在 2011 举办的国际计算机博弈锦标赛中获得了六子棋冠军。

六子棋主要具有以下几个特点：

1）六子棋到目前为止没有被证明为不公平的。

2）六子棋简单易学，而与此类似的五子棋（指标准五子棋）则在开局部分要复杂得多。

3）六子棋是一种均衡的游戏，哪一方先走都一样。

图 5-1　六子棋棋盘示意图

4）六子棋的博弈树和状态复杂度很高，其复杂度介于国际象棋和围棋之间。

5.2　规则

目前，六子棋的标准棋盘为 19×19，与标准的五子棋规则比较，六子棋的规则非常简单。目前比赛通用的规则如下：

1）黑白双方轮流下棋，除了第一次由黑方先下一颗棋子外，其后各方每轮下两颗棋子，连成六子（或以上）者获胜。

2）没有禁手，长连（连成六子以上）仍算赢棋，若全部棋盘被填满仍未分出胜负则算和棋。

除上述一般规则外，在有的比赛中还采用了一些附加的规则以减少和棋局面的出现，其中最主要的规则是：在下满棋盘时，若双方都没有形成六连，则根据连成五子的多少来决定胜负。

这个规则的优点是使得和棋的局面更少。该条规则虽然简单，但因在局面结束时还要争五连，使得下棋过程更为复杂，所以其缺点是使得下棋过程的复杂度大大增加，计算机搜索过程难度加大。

一个典型的六子棋下棋过程如图 5-2 所示。

棋盘中坐标位置横向通常用字母表示，纵向用数字表示，横向和纵向结合形成六子棋下棋的位置，如图 5-2 中第一步所下的位置为 J10，第二步棋为 J12 和 I11。有些计算机软件在开局部分常常通过开局库进行搜索，从库中选择能赢棋的下法，而在库中保存的文件的数据格式通常为字母加数字，如图 5-2 中第 1、2、3 步在库文件中的记录格式为 J10J12I11H10I10，依此类推，可以将相应的棋局保存下来。六子棋记录棋局的方法与亚马逊棋的相同。

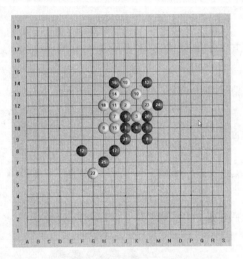

图 5-2　六子棋下棋过程示例图

5.3　估值分析

目前比较流行的六子棋的估值方法有两种：一种是以棋型为基础的分析方法，另一种是"路"的分析方法，下面对这两种估值的方法分别进行说明。

5.3.1　以棋型为基础的分析方法

在六子棋中棋型表示为由同色棋子和空点组成的最长的连续序列。

棋型分析的估值方法是由五子棋分析方法沿袭下来的，它的思路比较简单，但其估值计算速度相对较慢。

六子棋的估值复杂度要大于五子棋的估值复杂度，其基本思想与五子棋的类似，通过棋型分析来确定价值。由于六子棋在下完第一步棋之后每方每次下两步，因此在估值过程中相当于分析两层。在对棋型分析中通常将棋型分为两大类：一类棋型在对手下棋时会直接产生胜负，另一类棋型是将局势向对己方有利的局面发展。

下面先介绍六子棋中的常见棋型：

1）活五：在同一直线上（包括对角斜线，以下同）有五颗同色棋子，符合"对方必须用两手棋才能挡住六连或长连"的棋型称为活五。

2）眠五：在同一直线上有五颗同色棋子，符合"对方用一手棋就能挡住六连或长连"的棋型称为眠五。

3）活四：在同一直线上有四颗同色棋子，符合"对方必须有两手棋才能挡住六连或长连"的棋型称为活四。

4）眠四：在同一直线上有四颗同色棋子，符合"对方用一手棋就能挡住六连或长连"的棋型称为眠四。

5）活三：在同一直线上有三颗同色棋子，符合"再下一手棋就能形成活四"的棋型称为活三。

6）朦胧三：在同一直线上有三颗同色棋子，符合"再下一手棋只能形成眠四，而如果再下两手棋的话就能形成活五"的棋型称为朦胧三。

7）眠三：在同一直线上有三颗同色棋子，符合"再下两手也只能形成眠五"的棋型称为眠三。

8）活二：在同一直线上有两颗同色棋子，符合"再下两手就能形成活四"的棋型称为活二。

9）眠二：在同一直线上有两颗同色棋子，符合"再下两手也只能形成眠四"的棋型称为眠二。

图5-3a 所示的棋型为活五，白棋必须下两手才能阻止黑棋六连或长连；图5-3b 所示为眠五，白棋只需要一手棋就能阻止黑棋六连或长连。

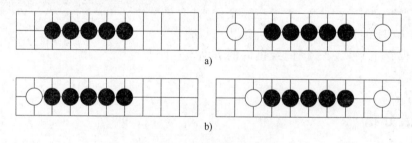

a)

b)

图5-3　活五和眠五示意图

上述的棋型分析为以基本棋型为基础的估值方法提供了实现的基础。

下面来介绍可以直接产生赢棋局面的棋型，如果己方不能直接赢棋就必须阻止对方直接赢棋。

图5-4 所示为在六子棋下棋过程中可能出现的黑棋可以直接赢棋的局面。在图5-4a 中，如果轮到白棋下棋，则白棋只需要下一步棋就可以解除黑棋的威胁；在图5-4b 中，白棋需要下两步棋才可以解除黑棋的威胁；在图5-4c 中，白棋需要下三步棋才可以解除黑棋的威胁，即当白棋无法直接获取胜利的话，已经输棋了。这三类棋型在六子棋中通常被称为单迫着、双迫着和三迫着。

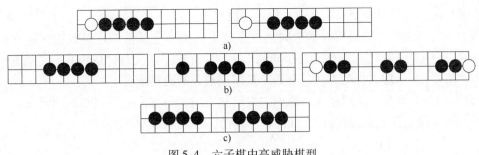

图 5-4　六子棋中高威胁棋型

图 5-4 显示的是一部分可以直接制胜的棋型，若进行程序设计还需更完整地考虑各种棋型（两个对角线方向的棋型分析方法与水平或垂直方向的分析方法相同）。

这三类棋型属于制胜棋型，因此在估值过程中价值较大，且有三迫着的价值大于双迫着，双迫着的价值大于单迫着。

下面介绍在同一直线上的有效范围内以同色棋子的个数来进行棋型分析。图 5-5 显示了一子、二子和三子的部分棋型（对角方向的棋型分析方法和水平或垂直方向的分析方法相同）。对各种棋型的估值，在初始软件设计阶段通常根据相关棋的估值方法进行设置。在图 5-5 中大致有这样的规律，a 型的估值通常小于 b 型的估值，b 型的估值通常小于 c 型的估值，如 a 型的价值为 5，b1 型的为 20，b2 型的为 25，b3 型的为 30，c1 型的为 100，c2 型的为 120，c3 型的为 140。而形成图 5-4 的棋型，其价值要远大于图 5-5 的棋型。

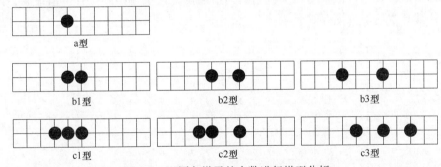

图 5-5　以同色棋子的个数进行棋型分析

在实际估值过程中，往往采用基本棋型结合高威胁棋型的方法进行估值，或采用分析同色棋子个数棋型结合高威胁棋型的方法进行估值。在估值函数中通常先给出根据分析得到的各种棋型的基本价值，然后再用逐步调整的办法来完成对具体某个棋型的价值的确定。

对棋型估值的调整一般采用经验法，对每一种棋型估值通过实战来逐步进行调整，这种基于经验的调整方法所需的工作量十分巨大，同时还要依赖软件设计者的下棋经验。目前，已经有学者提出采用优化的方法进行调整，通过构造相应的优化模型，选择适当的优化方法（如爬山法等），对各种棋型的估值进行优化。

5.3.2　以"路"为基础的分析方法

现在，一些六子棋的软件逐步开始使用以"路"的方式来分析棋型，通过该方法来最终获得当前局面的价值。

所谓"路"就是指在棋盘上存在连续六个可能连成一线的点位，由于每条"路"上有六个连续点位，这样对棋型的判断就变得更为简单。

例如，某“路”中已经存在四个同色棋子就不必关心它是活四还是眠四，把它们统称为“四路”，同理，某“路”中有五个同色棋子，一样也不必关心它是活五还是眠五，一律统称为“五路”。采用这样的方法，有效降低了棋型判断的复杂度。

“路”的总数较少，按照横向、纵向、左斜和右斜四个方向的特点和路的定义，可以分别计算不同方向上各类路的数目，再根据路的估值计算出棋盘的状态值。

5.4　估值函数设计

估值函数是六子棋中最复杂的一部分。根据估值分析方法，估值函数设计同样也有两种方法，一种是基于棋型的估值函数，一种是基于“路”的估值函数。下面分别讨论两种估值函数的具体设计。

5.4.1　基于棋型的估值函数设计

基于棋型的六子棋估值函数的设计一般考虑的因素包含两个方面：一方面是针对棋型的估值，另一方面是针对棋盘本身的估值。在相关软件的设计过程中既可以将两方面的因素都考虑在内，也可以根据搜索和估值运算的时间将棋盘本身位置的价值忽略。

若考虑棋盘位置的价值，对所下位置的估值通常为常量，中心位置价值最高，四周位置价值最低，其基本估值如图 5-6 所示。

$$\left\{\begin{matrix}
1&1&1&1&1&1&1&1&1&1&1&1&1&1&1&1&1&1&1\\
1&2&2&2&2&2&2&2&2&2&2&2&2&2&2&2&2&2&1\\
1&2&3&3&3&3&3&3&3&3&3&3&3&3&3&3&3&2&1\\
1&2&3&4&4&4&4&4&4&4&4&4&4&4&4&4&3&2&1\\
1&2&3&4&5&5&5&5&5&5&5&5&5&5&5&4&3&2&1\\
1&2&3&4&5&6&6&6&6&6&6&6&6&6&5&4&3&2&1\\
1&2&3&4&5&6&7&7&7&7&7&7&7&6&5&4&3&2&1\\
1&2&3&4&5&6&7&8&8&8&8&8&7&6&5&4&3&2&1\\
1&2&3&4&5&6&7&8&9&9&9&8&7&6&5&4&3&2&1\\
1&2&3&4&5&6&7&8&9&10&9&8&7&6&5&4&3&2&1\\
1&2&3&4&5&6&7&8&9&9&9&8&7&6&5&4&3&2&1\\
1&2&3&4&5&6&7&8&8&8&8&8&7&6&5&4&3&2&1\\
1&2&3&4&5&6&7&7&7&7&7&7&7&6&5&4&3&2&1\\
1&2&3&4&5&6&6&6&6&6&6&6&6&6&5&4&3&2&1\\
1&2&3&4&5&5&5&5&5&5&5&5&5&5&5&4&3&2&1\\
1&2&3&4&4&4&4&4&4&4&4&4&4&4&4&4&3&2&1\\
1&2&3&3&3&3&3&3&3&3&3&3&3&3&3&3&3&2&1\\
1&2&2&2&2&2&2&2&2&2&2&2&2&2&2&2&2&2&1\\
1&1&1&1&1&1&1&1&1&1&1&1&1&1&1&1&1&1&1
\end{matrix}\right\}$$

图5-6　棋盘初始化价值

但由于引入棋盘本身的估值之后会较大幅度增加估值函数的复杂性，在每步估值时都要考虑棋子在棋盘的位置，计算估值的量较大。同时，棋盘位置的价值通常只对开局时影响较大，且在很多软件中，开局部分通常采用通过开局库来搜索最佳下法，以降低搜索估值的计算量。因此，在软件设计时第一步确定下在棋盘中央即 J10 位置，以此为基础再进行估值并在后续步骤中忽略棋盘位置的价值，而只考虑棋型的价值，从而在一定程度上降低了估值的计算量。

在后续的具体估值方法中通过减小搜索范围，棋盘位置的价值对整个估值的影响会更小，棋盘位置的价值更可以忽略不计。

在不考虑棋盘位置的价值时，六子棋的估值函数可设计为

$$p = \sum_{i=1}^{n}(b[i] \times p[i] - w[i] \times p[i]) \tag{5-1}$$

式 (5-1) 中，p 表示当前棋局的总价值，n 表示各类棋型的总数，$b[i]$ 表示黑棋某种棋型的数量，$p[i]$ 表示某种棋型的价值，$w[i]$ 表示白棋某种棋型的数量。这样，就将估值问题转换为搜索统计各种棋型的数量的问题，只要解决棋型数量的搜索统计就可以得到当前棋盘的估值。

棋型分析的过程包含两部分：一部分是水平方向分析和垂直方向分析，垂直方向分析和水平方向分析类似，因此只要找到水平方向的分析方法，那么，垂直方向的分析方法就迎刃而解；另一部分是对角线方向分析，对角线方向也分为两种，左上右下对角线方向和左下右上对角线方向，这两种方向的分析方法类似。

5.4.2　基于"路"的估值函数设计

基于"路"的估值函数的设计与基于棋型的估值函数的设计相比要简单得多，只需要从横向、纵向、左斜和右斜四个方向根据同色棋子的分布情况进行统计，然后再根据不同"路"（如四路或五路）的数量的多少和不同"路"的价值进行计算，就可以获得当前局面的价值。其计算公式为

$$Score = \sum_{i=0}^{6}(NumberOfMyRoad[i] * ScoreOfRoad[i]) -$$
$$\sum_{i=0}^{6}(NumberOfEnemyRoad[i] * ScoreOfRoad[i]) \tag{5-2}$$

式 (5-2) 中，Score 的分值决定了当前局面的情况；ScoreOfRoad$[i]$ 是形成不同"路"的价值，如四"路"的价值 ScoreOfRoad$[4]$ = 800，不同"路"的价值随长度增加而增加，基本设置可设为 ScoreOfRoad$[i]$ = {0,20,80,150,800,1000,100000}，ScoreOfRoad$[0]$代表路中没有棋子，ScoreOfRoad$[6]$ 代表路中有六个同色棋子。

双方每种路的条数可以计算如下：纵向和横向分别为 19 行 × （19 - 6 + 1）路/行 = 266 路，左斜向和右斜向分别为 14 列 × （19 - 6 + 1）路/列 = 196 路，因此，在 19 × 19 的棋盘上共有 266 路 × 2 + 196 路 × 2 = 924 路。但只记录双方合法的路数。合法的路数是指在该路上没有对方的棋子（只有相同颜色的棋子或空格的路）。最终将计算得到的路数（包括 NumberOfMyRoad 和 NumberOfEnemyRoad）与 ScoreOfRoad 一起代入式 (5-2)，就可以计算得到相应的 Score。这样，就得到了对一个局面的评估。

通过棋型估值和通过"路"估值在价值的计算方法上非常相似，只是搜索目标不同而已。通过"路"估值在搜索相应棋型时要比通过棋型估值的搜索简单，在实现时相对更加容易一些，并且搜索时间相对较短，但对棋型价值的判断相对要粗糙一些。

5.5 程序的设计与实现

本部分示例是以 C ++ 语言为基础，Visual C ++ 为集成环境，重点说明估值和搜索部分的设计与实现方法，其中核心部分以伪码的形式加以描述。

5.5.1 软件的基本结构

六子棋博弈软件系统通常包括棋盘表示模块、走法生成模块、估值函数模块、搜索模块、开局库模块和界面模块，如图5-7所示。

该软件的 UML 模型如图5-8所示。

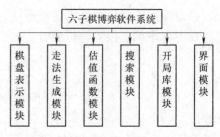

图 5-7 六子棋博弈软件系统的基本结构

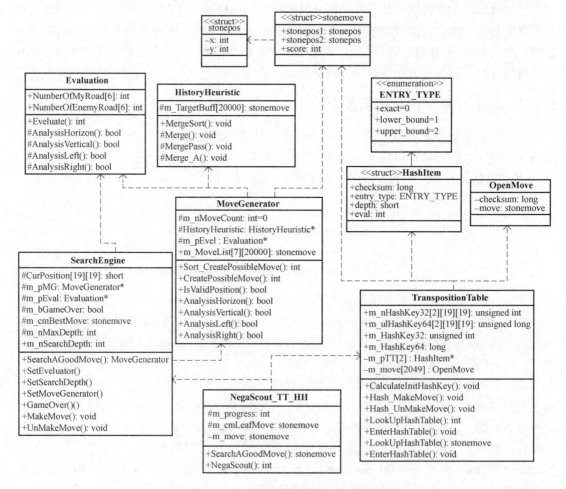

图 5-8 六子棋博弈软件的 UML 模型

六子棋模型中各部分功能如下：

- Evaluation：完成对当前棋局的估值。

- MoveGenerator：生成当前棋盘中对应的可下位置。
- SearchEngine：为搜索部分提供相应的接口。
- NegaScout_TT_HH：实现搜索功能。
- HistoryHeuristic：实现相关的排序功能。
- TranspositionTable：置换表，去掉重复的下棋位置。

该模型详细地描述了六子棋搜索和估值模块，并描述了各个类之间的依赖关系以及六子棋博弈软件系统各部分的结构，可以作为开发六子棋软件的参考。

六子棋人机博弈的基本过程如图 5-9 所示。

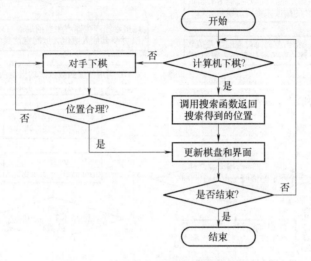

图 5-9　六子棋人机博弈的基本过程

图 5-9 中"调用搜索函数返回搜索得到的位置"是整个 AI 部分的核心，其基本结构如图 5-8 所示。搜索获得最佳位置的流程如图 5-10 所示，详细的流程如图5-11所示。

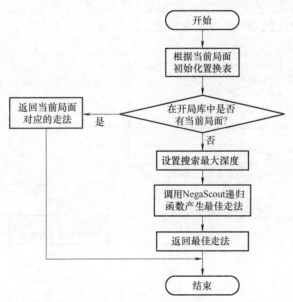

图 5-10　搜索最佳位置的流程图

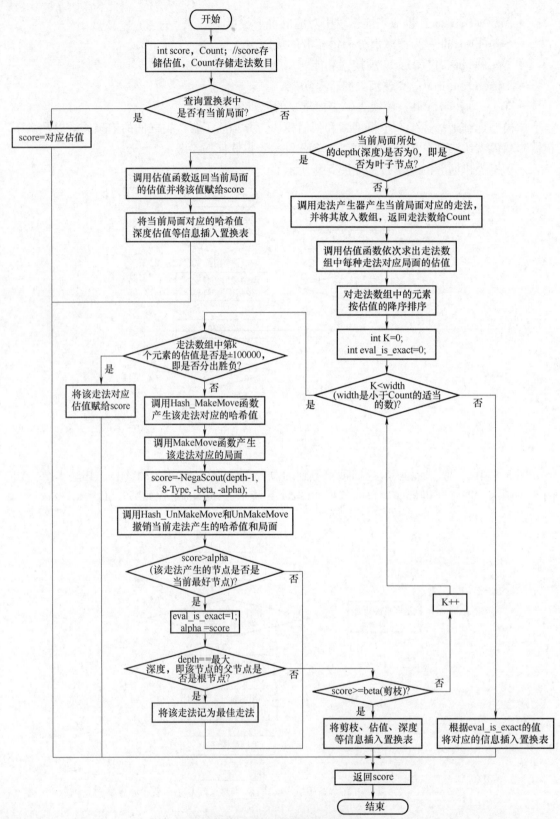

图 5-11　搜索过程的详细流程图

5.5.2　棋盘数据表示

棋盘数据包括棋盘、棋子、棋子的位置、棋盘的尺寸等，合适的数据表达有助于降低数据处理的复杂性。

六子棋的棋盘是一 19 × 19 的棋盘，通常六子棋的棋盘是用一个 19 × 19 的二维数组表示。

棋盘上的棋子可以根据不同的实现方法来确定，例如，可以用 1 表示白棋，用 7 表示黑棋，用 0 表示当前位置没有棋子等，2 ~ 6 可用于表示多少"路"。

具体棋子位置或当前位置的价值等可以根据所选的实现语言来确定。如果采用 C 语言或者 C ++ 语言，则可以使用结构体来表示；如果采用 Java 语言，则可以采用类来表示。例如，用 C 或 C ++ 表示下棋位置时，可以用如下方式表示：

```c
typedef struct _stoneposition
{
    int x;
    int y;
}STONEPOS;
```

用 C 或 C ++ 表示下一手棋的价值时，可以用如下方式表示：

```c
typedef struct _stonemove
{
    STONEPOS StonePos1,StonePos2;
    int Score;
}STONEMOVE;
```

其中，StonePos1、StonePos2 表示下一手棋的两步所下的位置。

上述对于棋盘位置的数据设计主要考虑了两方面的因素：其一是针对下棋位置的考虑，用 STONEPOS 来表示下棋的具体坐标位置；其二是使用了 STONEMOVE 这个较为特殊的结构，在这个数据结构中既表示了下棋方两步棋的下棋位置，也表示了完成选择这个位置后的局面的估值，这样既方便对局面进行估值，也有利于棋盘的还原。

5.5.3　走法生成器

六子棋的走法生成器要比其他棋种的简单得多，对于六子棋的走法生成器，在棋盘上的任意空白位置都是合法的位置。

在六子棋的走法生成器中，如果将所有的空白位置都加入到走法生成器中，那么对后续的估值计算会形成极大的负担，从而导致搜索的深度受到极大的限制，因此，采用合适的方法选择最有效的位置再进行进一步的估值将有利于加深搜索的深度。

通常走法生成器需考虑以下三部分内容：

1）考虑能让己方形成六连局面的位置。

2）考虑能够限制对方形成六连的位置。

3）考虑其他合法的位置。

走法生成器的流程图如图5-12所示。

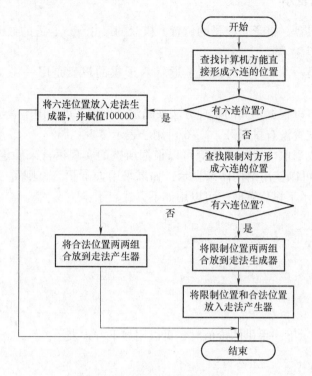

图5-12　走法生成器的流程图

图中两两组合是指六子棋每一轮下两步棋，占两个位置。下面对走法生成器的三部分主要内容分别加以说明。

1. 找出能让己方形成六连的位置

如图5-13所示，假设此时轮到计算机下棋，且计算机为白方，1、2、3为空位置，如果计算机选择1、2两个位置，或选择2、3两个位置，那么，此时计算机就可以直接获胜了。

对这种情况的处理方式有两种：

1）在进行走法生成时，首先遍历整个棋盘，如果遇到己方有四路或五路（四路或五路的处理在后面的估值部分中解释），将其能形成六连的走法放在走法生成器的数组中，并将其对应走法的估值赋为100000（即赢棋的估值），由走法生成器的函数返回（即不需要再进行其他走法的生成）。如在图5-13所示的棋局中，在遍历整个棋盘时，找到1、2或2、3时就不用再进行进一步的搜索，将已搜索到的赢棋结果返回即可。

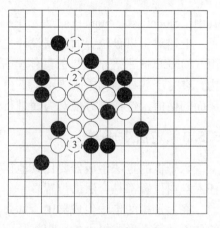

图5-13　形成六连的位置

2）通过计算机方上一手棋所下的位置来搜索，如果计算机方在对方下完棋后还有四路或五路，那么，它们一定是由对方走前由计算机方下两个棋子所产生的。

如图 5-14 所示，假设计算机方为白棋，对方所下的最后两手棋为 36、37，则在此之前，计算机方的两步棋为 34、35，那么，计算机方只需考虑 34、35 两步棋之后能否存在四路或五路。若存在四路或五路，则可以将它们中能形成六连的下法放到走法生成器数组中，并将估值赋为 100000（即赢棋的估值），走法生成器的函数返回。在图 5-14 中，第 35 手棋左侧 A、B 的位置就是计算机方直接获胜的位置。

以上两种方法均能够找到计算机方直接获胜的位置，本示例采用的是第一种方法。

2. 找出能限制对方形成六连的走法

在博弈过程中若计算机方不能直接获胜，那就需要阻止对手直接获胜，此时，就需要找出对方能直接获胜的位置，计算机方就能产生限制对方形成六连的走法。

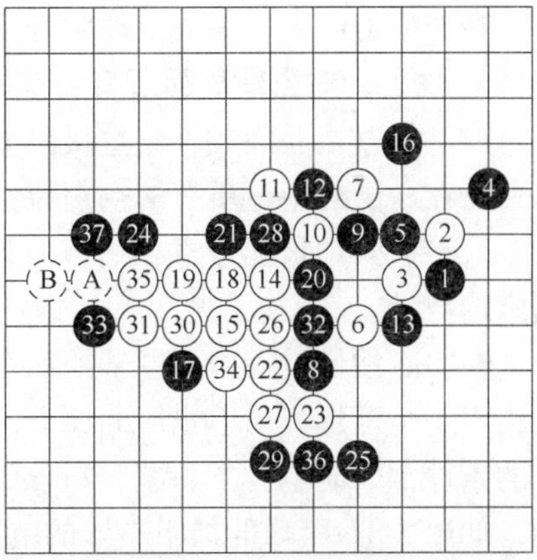

图 5-14　六连搜索方法

如图 5-15 所示，假设对手是白棋，当对手下到第 14、15 手时，轮到计算机方下棋，此时，计算机方搜索己方没有获胜的走法，就需要搜索对方是否有获胜的走法（即对方有四路或五路）。所以，计算机方就要考虑 A、B、C、D 四个位置，并将对方可能的赢棋组合放入走法生成器中，并调用估值函数计算计算机方（黑棋）阻止对手形成六连后的估值。

在本例中，能阻止对手直接赢棋的位置包括 AC 组合、BD 组合和 BC 组合，对这三种组合进行估值，根据估值选择对计算机方最有利的位置作为下两步计算机要下的位置。

找出能限制对方形成六连位置的方法与找出能让己方形成六连的位置的方法相似，也有两种方法。

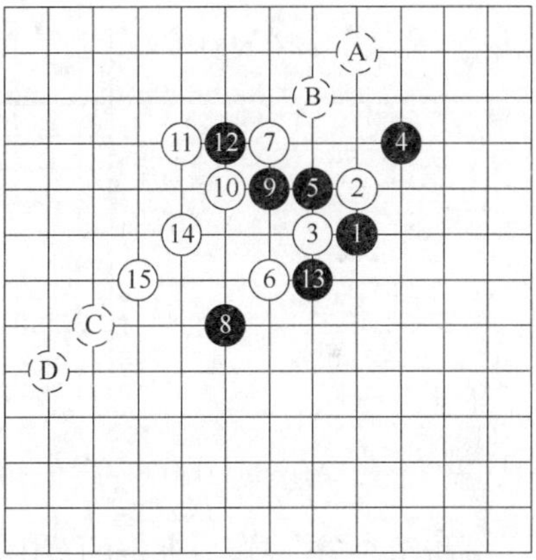

图 5-15　搜索对手六连

1）遍历整个棋盘，找出整个棋盘中对方所有的四路或五路（包括眠四和活四等），并把所有可能形成六连的位置放入一个特定的容器中（如 C ++ 中的 set 容器，利用这类容器没有重复元素的特性）。

2）在六子棋的下棋过程中，每次形成的四路或五路的位置一般都与对手刚下的两步棋有关。如在图 5-15 中，白棋形成的四路与白方所下的最后两步棋 14、15 有着密切的联系，由于 14、15 使白棋形成四路，对黑方构成威胁，因此，通常只需要判断对方刚下的棋子是否构成四路或五路即可，如果有，则把它构成的所有四路或五路中能形成六连的位置放入特定的容器中。

找到限制对方形成六连位置后，可以分两种情况生成走法：

1）将特定位置中的所有特殊位置两两组合放入走法产生器数组中形成一系列走法。

2）将特定容器中的每种特殊位置分别与别的一般合法位置两两组合形成走法放入走法生成器数组中。

在产生走法时，完成上述两种情况结束就可以返回。

3. 找出针对当前局面所有合法的适当位置

在不能直接获胜或不会直接阻止对方赢棋的情况下，计算机方需要找出下两步棋的最佳位置。在六子棋中，所有的空白位置都是合法的位置，但如果将所有的位置加入走法生成器中，那将极大地增加搜索和估值的数量，从而降低搜索的层次。因此，需要合理减少每步棋搜索的数量。

在实际估值过程中可以采用靠近策略来降低搜索的范围。在六子棋中，所谓的靠近策略是指用一个矩形将当前棋局的所有已下棋子框定起来，再在这个矩形的基础上，在不超出棋盘的条件下，向上、下、左、右各延伸两个格子的距离，将这个矩形范围作为搜索的合法范围，如图 5-16 所示的加粗矩形的范围。通过这一策略可以在一定程度上减少搜索范围。

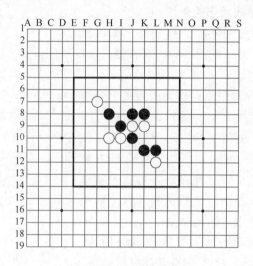

图 5-16　搜索范围示意图

分析图 5-16 中矩形框定的范围，其左下角和右上角还有很多没有太大价值的位置，因此可以针对上述策略做进一步的改进：在框定的范围内所有合法的位置是否满足在水平、垂直、左斜和右斜方向上延伸一个或两个位置，如果任何一个方向上有棋子出现，就认为它是合法的。

通过上述方法就可以找到所有有价值的合法下棋位置，并将合法下棋位置存入走法生成器中。

5.5.4　开局库的使用

计算机博弈过程通常是有一定的时间限制，例如在中国大学生计算机博弈大赛中，六子棋比赛双方各自时间的限制均为 15min。利用开局库可以有效节省开局时间，同时可以在一定程度上弥补搜索和估值的不足。

以黑棋先行为例，图 5-17 所示是一些常用的三手开局库。

目前常用的三手开局库大致有六十余种，针对比赛使用的开局库有时可达五到七手开局库。开局库既可以以文本文件格式或其他文件格式存放，也可以存放在相关的数据库中。使用开局库时也需要一定的搜索时间，具体开发到几手开局库需根据实际情况而定。

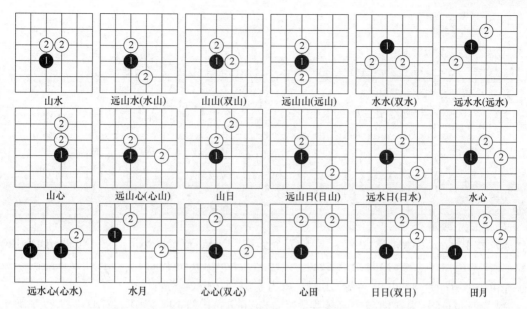

图 5-17　六子棋常见三手开局库

六子棋的开局库并不像国际象棋、中国象棋或围棋那样有悠久的历史，随便找一本棋谱就可以获得几十种开局库，六子棋从出现至今仅十余年，因此开局库还需要自己在实践的过程中不断丰富。较为理想的开局库是存放在相应的数据库中，针对开局库相应的操作也比较简单，通常只需实现添加、删除和修改等基本功能就可以，在下棋过程中使用的主要功能就是查询。

开局库的使用流程如图 5-18 所示。

由图 5-18 可以看出，开局库通常需要与搜索结合使用。在开局阶段，首先调用开局库，查找是否有合适的开局，若有，则采用开局库中的相关下法，若没有，则按照常规的搜索方法，通过搜索和估值获得最佳位置。

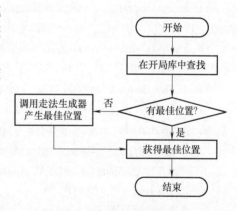

图 5-18　开局库的使用流程

5.5.5　估值函数的实现

根据上述过程可以得到关于估值的数据抽象。这里使用面向对象的方法进行抽象，使用"路"的估值方法进行估值，用 Evaluation 类来处理估值，具体表示如下：

```
01  class Evaluation
02  {
03  Attributes
04  public:
05      integer NumberOfMyRoad[7]、NumberOfEnemyRoad[7];
```

```
06   public:
07       Functions
08       integer Evaluate(BYTE position[19][19],int Type);
09   protected:
10       integer AnalysisHorizon(BYTE position[19][19],int Type);
11       integer AnalysisVertical(BYTE position[19][19],int Type);
12       integer AnalysisLeft(BYTE position[19][19],int Type);
13       integer AnalysisRight(BYTE position[19][19],int Type);
14   }
```

其功能分别如下：

1）数组 NumberOfMyRoad[7] 具有 7 个元素，NumberOfMyRoad[1]~NumberOfMyRoad[6] 分别对应已方 1~6 路每路的条数；数组 NumberOfEnemyRoad[7] 求对方每路的条数。注：NumberOfEnemyRoad[0] 没有用到，数组索引直接指是多少路。

2）Evaluate() 为评估函数，参数含义：position[19][19] 为棋盘，Type 为棋子类型，返回类型为整型。

3）AnalysisHorizon() 函数的功能为计算水平方向双方每路具有的条数，参数含义：position[19][19] 为棋盘，Type 为棋子类型，返回类型为整型。

4）AnalysisVertical() 函数的功能为计算垂直方向双方每路具有的条数，参数含义：position[19][19] 为棋盘，Type 为棋子类型，返回类型为整型。

5）AnalysisLeft() 函数的功能为计算左斜方向双方每路具有的条数，参数含义：position[19][19] 为棋盘，Type 为棋子类型，返回类型为整型。

6）AnalysisRight() 函数的功能为计算右斜方向双方每路具有的条数，参数含义：position[19][19] 为棋盘，Type 为棋子类型，返回类型为整型。

下面以函数 Evaluate() 和函数 AnalysisHorizon() 的伪码来说明具体的实现过程。

函数 Evaluate() 的伪码如下：

```
01   function integer Evaluate(BYTE position[19][19],int Type)
02   {
03       for k=1 to 6 step 1//初始化 NumberOfMyRoad 和 NumberOfEnemyRoad 数组
04       {
05           NumberOfMyRoad[k]=0
06           NumberOfEnemyRoad[k]=0
07       }
08       AnalysisHorizon(position[19][19],Type);
09       AnalysisVertical(position[19][19],Type);
10       AnalysisLeft(position[19][19],Type);
11       AnalysisRight(position[19][19],Type);
12       for i=1 to 6 step 1
13       {
```

```
14          score += (NumberOfMyRoad[i] * ScoreOfRoad[i]-
15                 NumberOfEnemyRoad[i] * ScoreOfRoad[i])
16      }
17      if Type = BLACK
18          return score
19      else
20          return - score;
21      endif
22 }
```

函数 AnalysisVertical( ) 的伪码如下：

```
01  function integer AnalysisVertical(BYTE position[19][19],int Type)
02  {
03      for j = 0 to 18 step 1
04          for i = 0 to 13 step 1
05          {
06              integer number = position[i][j] + position[i +1][j] +
07              position[i +2][j] + position[i +3][j] +
08              position[i +4][j] + position[i +5][j]
09              if number = 0 or number > 6 and number%7 != 0
10                  continue
11              endif
12              if number < 7
13                  NumberOfEnemyRoad[number] ++
14              else
15                  NumberOfMyRoad[number/7] ++
16              endif
17          }
18      if Type = BLACK and NumberOfEnemyRoad[4] + NumberOfEnemyRoad[5] > 0
19          return 1
20      endif
21      if Type = WHITE and NumberOfMyRoad[4] + NumberOfMyRoad[5] > 0
22          return 1
23      endif
24      return 0
25  }
```

对于伪码中的"number = 0 or number > 6 and number%7 != 0"，"number = 0"表示没有棋子，"number > 6 and number%7 != 0"表示有白棋和黑棋。

函数 AnalysisHorizon( )、AnalysisLeft( )、AnalysisRight( ) 与函数 AnalysisVertical( ) 相

似，读者可参考函数 AnalysisVertical() 自己实现。

5.5.6 搜索算法的实现

本书六子棋的搜索算法采用的是 $\alpha\text{-}\beta$ 搜索算法。本小节主要描述在六子棋软件用到的 $\alpha\text{-}\beta$ 搜索算法以及搜索最佳位置两部分内容，其基本思想和标准的 $\alpha\text{-}\beta$ 搜索算法完全一样。

$\alpha\text{-}\beta$ 搜索算法的伪码如下：

```
01  function integer AlphaBeta(int depth,int Type,int alpha,int beta)
02  {
03      integer score,Count,i
04      i = IsGameOver(CurPosition,depth) //判断当前棋局是否结束
05      if i != 0 //当前棋局已结束,i = 0 表示没有结束
06          return i
07          endif
08      if depth = 0 //叶子节点
09          return score = - Evaluation(CurPosition,8 - Type)
10           //Evaluation 是估值函数
11      endif
12      Count = CreatePossibleMove(CurPosition,depth,Type)
13      //CreatePossibleMove 是走法产生器函数
14      for i = 0 to Count step 1
15      {
16          MakeMove(m_MoveList[depth][i],Type)
17          //函数根据走法更新棋盘数组,生成第 i 个棋局
18          score = Evaluation(CurPosition,Type)
19          //调用 Evaluation 函数获得当前棋局的估值
20          m_MoveList[depth][i].Score = score //将值赋给第 i 个走法
21          UnMakeMove(m_pMG-> m_MoveList[depth][i])
22          //函数恢复第 i 个棋局
23      }
24      MergeSort(m_MoveList[depth],Count,0)
25      //函数对走法数组按 Score 的降序排序
26      for i = 0 to width step 1 //0 < width  <= Count 根据棋局改变其值
27      {
28          MakeMove(m_MoveList[depth][i],Type)//产生第 i 个局面
29          score = - AlphaBeta(depth-1,8- Type,-beta,-alpha)
30          //递归调用 AlphaBeta 函数进行下一层的搜索
31          UnMakeMove(m_MoveList[depth][i])//函数撤销第 i 个局面
32          if score > alpha
```

```
33          alpha = score
34          if depth = m_nMaxDepth
35          //m_nMaxDepth是人为设置的最大深度,即此时为根节点
36              m_cmBestMove = m_MoveList[depth][i]
37              //将当前走法(第i个走法)作为最佳走法
38          endif
39        endif
40        if alpha >= beta //进行 beta 剪枝
41            return alpha
42        endif
43    }
44    return alpha
45 }
```

AlphaBeta 函数说明:

1) 伪码中 "//" 后面的内容为前面或上一行内容的解释。

2) "8-Type" 是指交换下棋方。

3) 函数参数说明:depth 为深度、Type 为类型、alpha 为下界、beta 为上界,返回值为整型。

与此相关的另一个函数的伪码如下:

```
01  function STONEMOVE SearchAGoodMove(BYTE position[19][19],int Type)
02  {
03      CalculateInitHashKey(CurPosition)
04      //计算当前棋盘数组的 Hash 值
05      m_move = LookUpHashTable()
06      //在开局库中查找当前棋盘的 Hash 值
07      if m_move.StonePos1.x !=0 //如果在库中找到当前棋盘的 Hash 值
08          MakeMove(m_move,Type)
09          //函数更新棋盘数组,m_move 为当前局面对应的最佳走法
10          return m_move
11      endif
12      m_nMaxDepth = m_nSearchDepth//设置搜索的最大深度
13      integer a = AlphaBeta(m_nMaxDepth,Type,-200000,200000)
14      //进行固定深度的 Alpha-Beta 搜索获得最佳走法 m_cmBestMove
15      MakeMove(m_cmBestMove,Type)//更新棋盘数组
16      return m_cmBestMove
17  }
```

SearchAGoodMove() 函数参数说明:position 为棋盘数组,Type 为棋子类型,返回值为 STONEMOVE 类型的结构体,详见第 5.5.2 小节中的数据类型说明。

5.5.7　走法生成器的实现

在第 5.5.3 小节中介绍了走法生成器生成走法的原理，本小节主要描述走法生成器的实现，并用伪码描述具体的实现过程，使用 MoveGenerator 类来实现走法生成。用于描述走法生成的数据抽象结构如下：

```
01   class MoveGenerator
02   {
03       Attributes
04       public
05           STONEMOVE m_MoveList[7][20000]
06       protected
07           integer m_nMoveCount//记录走法数量
08       Functions
09           integer Sort_CreatePossibleMove(BYTE position[19][19],
10           int nPly,int Type)
11           integer CreatePossibleMove(BYTE position[19][19],
12           int nPly,int Type)
13           integer IsValidPosition(BYTE position[19][19],
14           int i,int j)
15           integer AnalysisHorizon(BYTE position[19][19],int Type,
16           int BestPos[4],
17                       set < STONE >& NeedPos)
18           integer AnalysisVertical(BYTE position[19][19],int Type,
19           int BestPos[4],
20                       set < STONE >& NeedPos)
21           integer AnalysisLeft(BYTE position[19][19],int Type,
22           int BestPos[4],
23                       set < STONE >& NeedPos)
24           integer AnalysisRight(BYTE position[19][19],int Type,
25           int BestPos[4],
26                       set < STONE >& NeedPos)
27   }
```

各个主要变量和函数的说明如下：

1）m_MoveList［7］［20000］：定义二维数组 m_MoveList，存储对应层的所有走法，STONEMOVE 是走法结构体，这里设置最大搜索深度为6。

2）m_nMoveCount：记录走法数量。

3）Sort_CreatePossibleMove（）函数的功能为产生非叶子节点的走法，函数参数含义：position 为棋盘数组，nPly 是层数（搜索深度），Type 是棋子类型，函数返回类型为整型。

4）CreatePossibleMove( ) 函数的功能为产生叶子节点走法，函数参数含义：position 为棋盘数组，nPly 是层数（搜索深度），Type 是棋子类型，函数返回类型为整型。

5）IsValidPosition( ) 函数的功能为判断是否为有效位置，函数参数含义：position 为棋盘数组，i、j 是当前棋子的坐标，函数返回类型为整型。

6）AnalysisHorizon( ) 函数的功能为找出水平方向最佳位置放入 NeedPos，函数参数含义：position 为棋盘数组，Type 是棋子类型，函数返回类型为整型。

7）AnalysisVertical( ) 函数的功能为找出垂直方向最佳位置放入 NeedPos，函数参数含义：position 为棋盘数组，Type 是棋子类型，函数返回类型为整型。

8）AnalysisLeft( ) 函数的功能为找出左斜方向最佳位置放入 NeedPos，函数参数含义：position 为棋盘数组，Type 是棋子类型，函数返回类型为整型。

9）AnalysisRight( ) 函数的功能为找出右斜方向最佳位置放入 NeedPos，函数参数含义：position 为棋盘数组，Type 是棋子类型，函数返回类型为整型。

上述的数据抽象描述了完整的走法生成器生成走法的结构。具体函数的实现过程的伪码如下：

实现函数 AnalysisHorizon( ) 的伪码如下：

```
01  function integer AnalysisHorizon(BYTE position[19][19],
02  int Type,int BestPos[4],
03                set < STONE >& NeedPos)
04  {
05      STONE pos//保存对方四路或五路中的空白位置
06      for i = 0 to 18 step 1//扫描整个棋盘
07          for j = 0 to 14 step 1
08          {
09              integer number = position[i][j] + position[i][j +1] +
10              position[i][j +2]
11              + position[i][j +3] + position[i][j +4] + position[i][j +5]
12              if number = 4 * Type//判断是否为己方的四路
13                  integer index = 0
14                  for k = 0 to 5 step 1
15                  //将四路中两个空位保存起来作为己方的最佳走法
16                  {
17                      if position[i][j +k] = 0
18                          BestPos[index] = i
19                          BestPos[index +1] = j + k
20                          index += 2
21                      endif
22                  }
23                  return 1;
24              else
```

```
25              if number = 5 * Type //判断是否为己方的五路
26                  for k = 0 to 5 step 1
27                  //将五路中一个空位保存起来作为最佳走法的一个位置
28                  if position[i][j + k] = 0
29                      BestPos[0] = i
30                      BestPos[1] = j + k
31                      for x = 0 to 18 step 1
32              //从合法位置中任意添加一个位置作为最佳走法的第二个位置
33                          for y = 0 to 18 step 1
34                          if position[x][y] = 0
35                              BestPos[2] = x
36                              BestPos[3] = y
37                              return 1
38                          endif
39                      endif
40                  endif
41          if number = 4 * (8 - Type) or number = 5 * (8 - Type)
42          //如果对方出现四路或五路
43              for  k = 0 to 5 step 1
44              //将对方四路或五路中的空白位置保存起来,作为必下位置
45                  if position[i][j + k] = 0
46                      pos. i = i
47                      pos. j = j + k
48                      NeedPos. insert (pos)
49                  endif
50              endif
51          }
52      return 0
53  }
```

上述过程为实现函数 AnalysisHorizon() 的伪码, 为便于读者的理解, 各小部分的功能均在注释中进行了详细的描述, AnalysisVertical()、AnalysisLeft() 和 AnalysisRight() 函数与 AnalysisHorizon() 函数的实现方法类似, 读者可以参考 AnalysisHorizon() 自己实现。

实现 IsValidPosition() 函数的伪码如下:

```
01  function integer IsValidPosition (BYTE position[19][19], int i, int j)
02  {
03      if j-2 >= 0 and position[i][j-2] != NOSTONE
04          //判断 i、j 位置的左方距两个位置远是否有棋子
```

```
05        return 1
06    endif
07    if j-1 >=0 and position[i][j-1] !=NOSTONE
08        //判断 i、j 位置的左方距一个位置远是否有棋子
09        return 1
10    endif
11    if j+2 <19 and  position[i][j+2] !=NOSTONE
12        //判断 i、j 位置的右方距两个位置远是否有棋子
13        return 1
14    endif
15    if j+1 <19 and  position[i][j+1] !=NOSTONE
16        //判断 i、j 位置的右方距一个位置远是否有棋子
17        return 1
18    endif
19    if i-2 >=0and  position[i-2][j] !=NOSTONE
20        //判断 i、j 位置的上方距两个位置远是否有棋子
21    return 1
22    endif
23    if i-1 >=0 and position[i-1][j] !=NOSTONE
24        //判断 i、j 位置的上方距一个位置远是否有棋子
25        return 1
26    endif
27    if i+2 <19 and position[i+2][j] !=NOSTONE
28        //判断 i、j 位置的下方距两个位置远是否有棋子
29        return 1
30    endif
31    if i+1 <19 and position[i+1][j] !=NOSTONE
32        //判断 i、j 位置的下方距一个位置远是否有棋子
33        return 1
34    endif
35    if i-2 >=0 and j-2 >=0 and  position[i-2][j-2] !=NOSTONE
36        //判断 i、j 位置的左上方距两个位置远是否有棋子
37        return 1
38    endif
39    if i-1 >=0 and j-1 >=0 and  position[i-1][j-1] !=NOSTONE
40        //判断 i、j 位置的左上方距一个位置远是否有棋子
41        return 1
42    endif
```

```
43       if i+2<19 and j+2<19 and position[i+2][j+2] !=NOSTONE
44           //判断 i,j 位置的右下方距两个位置远是否有棋子
45           return 1
46       endif
47       if i+1<19 and j+1<19 and position[i+1][j+1] !=NOSTONE
48           //判断 i,j 位置的右下方距一个位置远是否有棋子
49           return 1
50       endif
51       if i-2>=0 and j+2<19 and position[i-2][j+2] !=NOSTONE
52           //判断 i,j 位置的右上方距两个位置远是否有棋子
53           return 1
54       endif
55       if i-1>=0 and j+1<19 and position[i-1][j+1] !=NOSTONE
56           //判断 i,j 位置的右上方距一个位置远是否有棋子
57           return 1
58       endif
59       if i+2<19 and j-2>=0 and  position[i+2][j-2] !=NOSTONE
60           //判断 i,j 位置的左下方距两个位置远是否有棋子
61           return 1
62       endif
63       if i+1<19 and  j-1>=0 and position[i+1][j-1] !=NOSTONE
64           //判断 i,j 位置的左下方距一个位置远是否有棋子
65           return 1
66       endif
67       return 0;
68   }
```

IsValidPosition( ) 函数实现对棋盘上的空位置进行检测，判断是否为有效位置，对与当前棋局关系不大的位置不予考虑。使用这种方法可以有效降低后续搜索估值的工作量。

实现 Sort_CreatePossibleMove( ) 函数的伪码如下：

```
01   function integer Sort_CreatePossibleMove(BYTE position[19][19],
02   int nPly,int Type)
03   {
04       int BestPos[4] //存储己方能形成六路的位置
05       set<STONE> NeedPos //存储对方能形成六路的位置
06       ////判断是否找到己方形成六路的位置
07       if AnalysisHorizon(position,Type,BestPos,NeedPos)=1
08           //水平方向找到己方必赢的位置
09           m_MoveList[nPly][0].StonePos1.y=BestPos[0]//保存位置和估值
```

```
10        m_MoveList[nPly][0].StonePos1.x=BestPos[1]
11        m_MoveList[nPly][0].StonePos2.y=BestPos[2]
12        m_MoveList[nPly][0].StonePos2.x=BestPos[3]
13        m_MoveList[nPly][0].Score=100000
14        return-1
15    endif
16    if AnalysisVertical(position,Type,BestPos,NeedPos)=1
17        //垂直方向找到己方必赢的位置
18        m_MoveList[nPly][0].StonePos1.y=BestPos[0]//保存位置和估值
19        m_MoveList[nPly][0].StonePos1.x=BestPos[1]
20        m_MoveList[nPly][0].StonePos2.y=BestPos[2]
21        m_MoveList[nPly][0].StonePos2.x=BestPos[3]
22        m_MoveList[nPly][0].Score=100000
23        return-1
24    endif
25    if AnalysisLeft(position,Type,BestPos,NeedPos)=1
26        //左斜方向找到己方必赢的位置
27        m_MoveList[nPly][0].StonePos1.y=BestPos[0]//保存位置和估值
28        m_MoveList[nPly][0].StonePos1.x=BestPos[1]
29        m_MoveList[nPly][0].StonePos2.y=BestPos[2]
30        m_MoveList[nPly][0].StonePos2.x=BestPos[3]
31        m_MoveList[nPly][0].Score=100000
32        return-1
33    endif
34    if AnalysisRight(position,Type,BestPos,NeedPos)=1
35        //右斜方向找到己方必赢的位置
36        m_MoveList[nPly][0].StonePos1.y=BestPos[0];//保存位置和估值
37        m_MoveList[nPly][0].StonePos1.x=BestPos[1];
38        m_MoveList[nPly][0].StonePos2.y=BestPos[2];
39        m_MoveList[nPly][0].StonePos2.x=BestPos[3];
40        m_MoveList[nPly][0].Score=100000;
41        return-1
42    endif
43    integer i_min=19,i_max=0,j_min=19,j_max=0//缩小搜索区域,产生区域 P
44    for ii=0 to 18 step 1
45    {
46        for jj=0 to 18 step 1
47        {
```

```
48          if position[ii][jj] != NOSTONE
49              if ii < i_min //找出 i 的左边界
50                  i_min = ii
51              endif
52              if ii > i_max //找出 i 的右边界
53                  i_max = ii
54              endif
55              if jj < j_min //找出 j 下界
56                  j_min = jj
57              endif
58              if jj > j_max //找出 j 上界
59                  j_max = jj
60              endif
61          }
62      }
63      i_min -= 2, i_max += 3, j_min -= 2, j_max += 3
64      //将区域 P 向外扩展两个位置产生区域 Q
65      if i_min <= 0
66          i_min = 0
67      endif
68      if i_max >= 19
69          i_max = 19
70      endif
71      if j_min <= 0
72          j_min = 0
73      endif
74      if j_max >= 19
75          j_max = 19
76      endif
77      if NeedPos.empty() != NULL //对方有形成六路的位置
78          ///特殊情形第一阶段:将 NeedPos 中的位置两两组合放入走法产生器中
79          for i = NeedPos.begin() to NeedPos.end() step 1
80          //走法中的两个位置都来自 NeedPos(存储对方能形成六路的位置)
81          //容器即阻碍对方形成六子
82          {
83              for j = i + 1 to NeedPos.end() step 1
84              {
85                  m_MoveList[nPly][m_nMoveCount].StonePos1.x = (*i).j
```

```
86              m_MoveList[nPly][m_nMoveCount].StonePos1.y = (*i).i
87              m_MoveList[nPly][m_nMoveCount].StonePos2.x = (*j).j
88              m_MoveList[nPly][m_nMoveCount].StonePos2.y = (*j).i
89              m_nMoveCount ++
90          }
91      }
92  //特殊情形第二阶段:将 NeedPos 中的位置和合法位置两两组合
93  //放入走法产生器中
94  for it = NeedPos.begin() to   NeedPos.end() step 1
95  {
96  for i1 = i_min to i_max step 1
97      for   j1 = j_min to j_max step 1
98      {
99          if position[i1][j1] = (BYTE)NOSTONE
100             position[(*it).i][(*it).j] = Type
101             //实现该走法的第一个位置,位置来自 NeedPos
102             a = IsValidPosition(position,i1,j1)
103             //判断走法的第二个位置是否有效
104             if a = 1
105             //如果第二个位置有效,将该走法放入走法数组中;注意请读
106             //者自己判断该走法的第二个位置与容器中位置的重复情况
107             m_MoveList[nPly][m_nMoveCount].StonePos1.x =
108                     (*it).j
109             m_MoveList[nPly][m_nMoveCount].StonePos1.y =
110                     (*it).i
111             m_MoveList[nPly][m_nMoveCount].StonePos2.x = j1
112             m_MoveList[nPly][m_nMoveCount].StonePos2.y = i1
113             m_nMoveCount ++ ;
114         endif
115       endif
116     }
117   position[(*it).i][(*it).j] = NOSTONE////撤销该走法第一个位置
118   }
119   return m_nMoveCount
120  endif
121     //第三种情况:如果不存在特殊的合法位置,即 NeedPos 为空,则将 Q 区域和
122     //IsValidPosition 函数产生的合法走法放入走法数组中,此处不再实现
123 }
```

上述过程为实现 Sort_CreatePossibleMove() 的伪码，该部分完成了对可能的走法的排序，函数 CreatePossibleMove 的实现过程与上述过程类似，这里不再详细描述。

将本小节和第 5.5.3 小节所讲述的内容相结合，完整地描述了走法生成器的基本原理以及实现的方法，解决了六子棋最核心部分的问题。

5.5.8 置换表与哈希表

在第 5.5.3 小节和第 5.5.6 小节中使用了置换表和哈希表技术，这两个技术主要用于搜索最佳走法，将已搜索的节点保存下来之后，为防止相同节点再次保存时采用的一种技术。具体细节在第 2 章中已有详细的描述，读者若需要还可参考其他相关算法书籍。下面针对六子棋的应用加以说明，若需在其他棋种使用，其基本方法相同。

用于信息安全等的哈希值的计算通常为 160 位数据，由于六子棋的信息量并不需要 160 位来处理，在此分别使用了 64 位和 32 位数据来记录哈希值。其基本结构如图 5-19 所示。

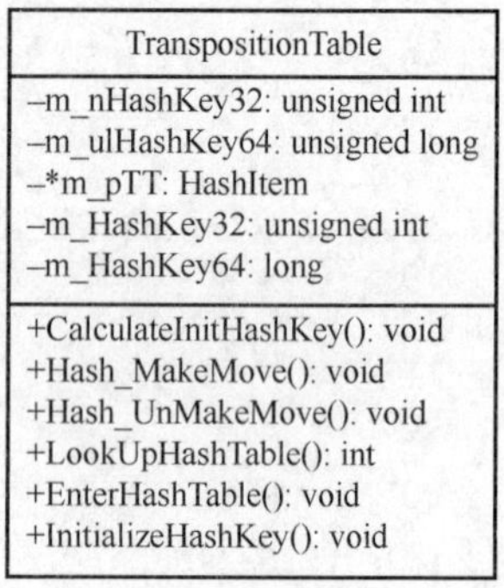

其中各函数的说明如下：

1）InitializeHashKey() 函数的功能是初始化随机数组，创建 Hash 表。

2）CalculateInitHashKey（BYTE CurPosition [19][19]）函数的功能是计算给定棋盘 Hash 值，参数含义：CurPosition 为当前棋盘；返回值为空类型。

3）Hash_MakeMove（STONEMOVE move，BYTE CurPosition [19][19]，int type）函数的功能是根据所给走法，增量生成新的 Hash 值，参数含义：move 为走法，CurPosition 为棋盘，type 为棋子类型。

TranspositionTable
−m_nHashKey32: unsigned int
−m_ulHashKey64: unsigned long
−*m_pTT: HashItem
−m_HashKey32: unsigned int
−m_HashKey64: long
+CalculateInitHashKey(): void
+Hash_MakeMove(): void
+Hash_UnMakeMove(): void
+LookUpHashTable(): int
+EnterHashTable(): void
+InitializeHashKey(): void

图 5-19　处理置换表和哈希表类的基本结构

4）Hash_UnMakeMove（STONEMOVE move，BYTE CurPosition [19][19]，int type）函数的功能是撤销所给走法的 Hash 值，还原成走过之前的棋盘。

5）LookUpHashTable（int alpha，int beta，int depth，int TableNo）函数的功能是查找 Hash 表中当前节点数据，参数含义：alpha、beta 是上界和下界，depth 是深度，TableNo 是棋子类型。

6）EnterHashTable（ENTRY_TYPE entry_type，int eval，short depth，int TableNo）函数的功能是将当前节点的值插入 Hash 表，参数含义：eval 为估值，depth 为深度，TableNo 为类型。

各主要函数的伪码分别如下：

InitializeHashKey() 函数的伪码如下：

```
01  function InitializeHashKey()
02  {
03      for  k = 0 to  1 step 1
04          for i = 0 to 18 step 1
05              for  j = 0 to 18 step 1
```

```
06              {
07                  m_nHashKey32[k][i][j]=rand32()//rand32()产生 32 位随机数
08                  m_ulHashKey64[k][i][j]=rand64()//rand64()产生 64 位随机数
09              }
10      //申请置换表空间,可以自己指定其大小
11      m_pTT[0]=new HashItem[1024*1024]//用以存取极大值节点的数据
12      m_pTT[1]=new HashItem[1024*1024]//用以存取极小值节点的数据
13  }
```

CalculateInitHashKey( ) 函数的伪码如下:

```
01  function CalculateInitHashKey(BYTE CurPosition[19][19])
02  {
03      integer nStoneType      //nStoneType 是棋子颜色
04      m_HashKey32 =0
05      m_HashKey64 =0
06      for i=0 to 18 step 1 //遍历整个棋盘,初始化 Hash 表
07      {
08          for j=0 to 18 step 1
09          {
10              nStoneType =CurPosition[i][j]
11              if nStoneType !=NOSTONE   //判断 i、j 位置是否有棋子
12                  //如果有棋子将 Hash 值加上 Hash 表中该位置的值
13                  if nStoneType =7
14                      nStoneType =0
15                  endif
16                  m_HashKey32 =m_HashKey32 ^
17                      m_nHashKey32[nStoneType][i][j]
18                  m_HashKey64 =m_HashKey64 ^
19                      m_ulHashKey64[nStoneType][i][j]
20              endif
21          }
22      }
23  }
```

Hash_MakeMove( ) 函数的伪码如下:

```
01 function Hash_MakeMove(STONEMOVE move,BYTE CurPosition[19][19],int type)
02 {
03    if type =7
04        type =0
```

```
05      endif
06      m_HashKey32 = m_HashKey32 ^
07          m_nHashKey32[type][move.StonePos1.y][move.StonePos1.x]
08      //将移动的棋子在目标位置的随机数添入 Hash 值中,其中^可以改成 +
09      m_HashKey64 = m_HashKey64 ^
10          m_nHashKey64[type][move.StonePos1.y][move.StonePos1.x]
11      m_HashKey32 = m_HashKey32 ^
12          m_nHashKey32[type][move.StonePos2.y][move.StonePos2.x]
13      m_HashKey64 = m_HashKey64 ^
14          m_nHashKey64[type][move.StonePos2.y][move.StonePos2.x]
15  }
```

Hash_UnMakeMove( ) 函数与 Hash_MakeMove( ) 类似,仅仅将"^"改为"-",这里不再重复。

LookUpHashTable( ) 函数的伪码如下:

```
01  function LookUpHashTable(int alpha,int beta,int depth,int TableNo)
02  {
03      if TableNo = 7
04          TableNo = 0
05      endif
06      integer x = m_HashKey32 & 0xFFFFF      //计算二十位 Hash 地址
07      HashItem * pht = &m_pTT[TableNo][x]      //取到具体的表项指针
08      if  pht-> depth >= depth and  pht-> checksum = m_HashKey64
09          switch(pht-> entry_type)//判断数据类型
10          {
11              case exact:      //确切值
12                  return pht-> eval;
13              case lower_bound: //下边界
14                  if pht-> eval >= beta
15                      return pht-> eval
16                  else
17                      break
18                  endif
19              case upper_bound://上边界
20                  if  pht-> eval <= alpha
21                      return  pht-> eval
22                  else
23                      break
```

```
24              endif
25          }
26      endif
27      return 66666        //没有找到当前局面需要的值
28  }
```

EnterHashTable( ) 的伪码如下：

```
01  function EnterHashTable(ENTRY_TYPE entry_type,int eval,
02  short depth,int TableNo)
03  {
04      if TableNo = 7
05          TableNo = 0
06      integer x = m_HashKey32 & 0xFFFFF        //计算二十位 Hash 地址
07      HashItem * pht = &m_pTT[TableNo][x]      //取到具体的表项指针
08      //将数据写入 Hash 表
09      pht-> checksum = m_HashKey64            //64 位校验码
10      pht-> entry_type = entry_type           //表项类型
11      pht-> eval = eval                       //要存的值
12      pht-> depth = depth                     //层次
13  }
```

第 6 章

苏拉卡尔塔棋的设计与实现

6.1 简介

苏拉卡尔塔 (Surakarta) 棋是一种策略性双人游戏, 最早出现在印度尼西亚, 源于爪哇中心的古城 Surakarta。早先该游戏的名称为 Permainan, 在 1970 年左右逐步进入法国, 称该游戏为 Surakarta。

苏拉卡尔塔棋不仅适合双人进行游戏, 同时也适合计算机博弈。目前, 该棋种不仅是国际计算机博弈锦标赛的常规比赛项目之一, 也是中国大学生计算机博弈大赛的常规比赛项目之一。在 2012 年的中国大学生计算机博弈大赛中, 就有 25 支队伍参加了该项目的角逐。

苏拉卡尔塔棋的棋盘如图 6-1 所示。

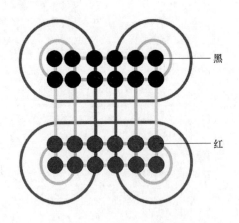

图 6-1 苏拉卡尔塔棋的棋盘

该棋有红黑两方, 红棋和黑棋各有 12 个棋子, 下棋过程以一方吃完另一方棋子或在进入循环时由剩余棋子较多的一方获胜。实际上, 在不同的国家还有一些苏拉卡尔塔棋变化而得的棋种, 其基本下法大致相同。目前的各类比赛中, 苏拉卡尔塔棋均采用图 6-1 所示的棋盘和相应的规则进行。

苏拉卡尔塔棋的棋盘由横竖各 6 条边构成, 各边由 8 个圆弧连接, 通常圆弧采用两种不同的颜色来表示。

6.2　规则

1. 棋盘的初始状态

双方棋子在各自底线排成两排，每排各六子，如图 6-1 所示。

2. 走法规则

1）双方轮流下棋，每次走动一枚棋子。

2）除了吃子之外，每枚棋子只能沿着垂直、水平或对角线走动一格，并只能走向空位。

3）吃对方的棋子必须经过至少一个完整的弧线（以下示例棋子均采用黑棋和白棋表示下棋双方）。

在图 6-2 中，5 号白棋要吃掉 3 号黑棋，图 6-2 中的两种吃法都是符合规则的。在图 6-2a 中，5 号白棋先向上直行，再经过左上大圆弧，然后再直行吃掉 3 号黑棋；在图 6-2b 中，5 号白棋先向右直行，再经过右下大圆弧，再向上直行，然后经过右上大圆弧，再向左直行吃掉 3 号黑棋。这两种吃子方法都符合走法规则 3）。

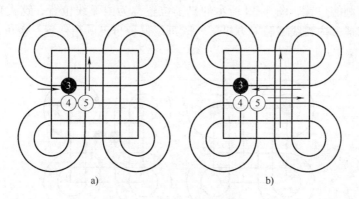

a)　　　　　　　　　　　b)

图 6-2　吃子过程示例图

6.3　算法分析

苏拉卡尔塔棋在比赛时间的规定上与亚马逊棋等相似，通常是每方在 10 ~ 15min 内完成一局棋，有效利用比赛时间是设计苏拉卡尔塔棋搜索方法的一个较为重要的环节。

苏拉卡尔塔棋与亚马逊棋及六子棋相比具有不同性质的分支因子，在棋局开始阶段双方可下的位置相对较少，随着棋局的深入双方可下的位置会逐步增加，在棋局的终局阶段随着棋子的减少双方可下的位置又开始逐步下降。同时，苏拉卡尔塔棋的分支因子要远远小于亚马逊棋，因此，在搜索深度上要远大于亚马逊棋和六子棋等。

根据苏拉卡尔塔棋的特有性质，在搜索上通常考虑采用可变深度的搜索算法，即按照开局、中局和残局分别设计搜索深度，并可以利用每次搜索所用的时间来及时调整搜索的深度。苏拉卡尔塔棋每局棋每方通常需要大约 60 步才能完成，因此要保证每步棋在 15s 左右完成，才能在规定的时间内完成棋局。若每步棋需要将近 30s 完成搜索，则需要降低搜索深度，提高搜索速度，才能确保在规定的时间内完成比赛。因此，比较合理的搜索算法是能够根据下棋进展和下棋过程中所使用的时间来综合考虑搜索的深度。

在设计起始阶段也可以采用固定搜索深度的方法进行搜索。

6.4 估值函数设计

在苏拉卡尔塔棋的估值函数中，主要针对棋子所在的位置和棋子的可下位置进行估值，而棋子所在的位置又分为基本位置（不产生吃子行为）和在下棋中给对方产生威胁与受到对方威胁两种情况。

6.4.1 棋子位置分析

不同位置的棋子在游戏过程中所起的作用各不相同。如图6-3所示为棋子在棋盘中不同特色的位置。图6-3a所示为角位置，即棋子不能通过弧线的点，这类位置通常灵活性最差，对对方的棋子威胁相对较小；图6-3b所示的棋子位置为外弧线位置，这类位置的棋子在一定的情况下可以通过外弧线威胁对方棋子；图6-3c所示的棋子位置为双弧线位置，这类位置的棋子既可以通过内弧线来威胁对方的棋子，也可以通过外弧线来威胁对方的棋子，属于双方作战比较有利的位置；图6-3d所示的棋子位置称为内弧线位置，这类位置的棋子在一定的情况下可以通过内弧线威胁对方棋子，既可以保护自己的角位置，也可以威胁对方的角位置。

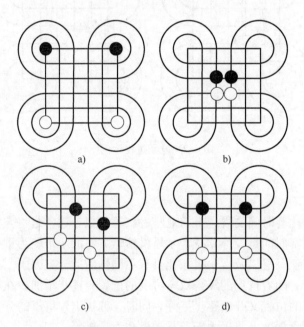

图6-3　基本棋子位置示意图

这四种位置的价值从图6-3a～图6-3d逐步增加，其中，内弧线的位置的价值是在外弧线位置的价值的基础上，根据角位置棋子数量增加的。

单吃位置和互吃位置的示意图如图6-4所示。图6-4a表示单吃位置，即1号黑棋可以向上直行，然后通过左上外弧线，再向右直行吃掉2号白棋，而2号白棋却无法吃掉黑棋，

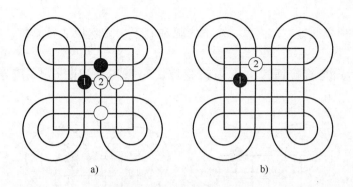

图 6-4　吃子位置示意图

这就是黑棋的单吃位置；图 6-4b 表示互吃位置，1 号黑棋可以通过外弧线吃掉 2 号白棋，同样，2 号白棋可以通过外弧线吃掉 1 号黑棋，这类位置就叫作互吃位置。

在实际估值中，单吃位置的价值要高于互吃位置的价值。

6.4.2　吃子路径分析

在当前棋盘的价值分析过程中还可以考虑吃子路径的问题。在棋盘上，对于某一个固定的棋子，一般可向上、下、左、右四个方向进行吃子，通过吃子行为产生的吃子路径个数影响着对棋子的估值。因此，找出每个棋子的吃子路径也是非常有用的。

如图 6-5a 所示，白棋 1 号棋子存在三条路径去吃黑棋的 5 号棋子，分别为向上路径、向下路径和向左路径，在吃子的路径上所经过的位置的个数为路径数，路径数越大，则吃子线路被阻隔的机会就越大。在图 6-5b 中，有白棋的 6 号棋子存在，此时就阻挡了 1 号白棋向上吃黑棋的路径，路径数越小，则被阻挡吃子路径的概率就越小。因此，吃子路径数对估值也会有一定的影响。

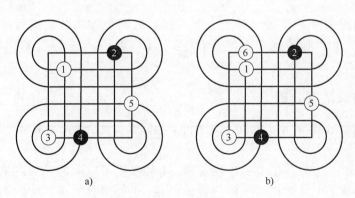

图 6-5　吃子路径示意图

图 6-6 是针对图 6-5 的可能的吃子方法以及经过的路径。

路径 1：1 号白棋通过左上内弧和右上内弧吃掉 2 号黑棋，如图 6-6a 所示，吃子路径数为 5。

路径 2：1 号白棋通过左下内弧和右下内弧吃掉 2 号黑棋，如图 6-6b 所示，吃子路径数为 10。

　　路径 3：1 号白棋通过左上内弧、左下内弧和右下内弧吃掉 2 号黑棋，如图 6-6c 所示，吃子路径数为 15。

　　路径 4：1 号白棋直接通过右上内弧吃掉 2 号黑棋，如图 6-6d 所示，吃子路径数为 4。

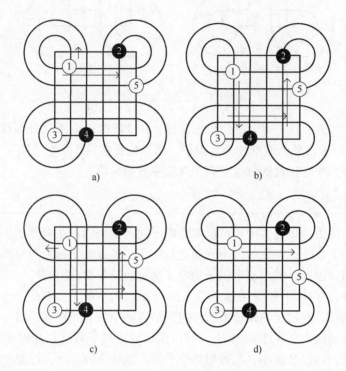

图 6-6　吃子路径示意图

　　吃子路径的搜索只需要通过对上、下、左、右四个方向分别进行搜索，若能够经过内弧线或外弧线，则可能存在吃子路径，可以进一步进行搜索以获得最终吃子路径。

6.4.3　棋子的灵活度分析

　　棋子的灵活度是确定在走子情况下棋子可下的位置，灵活度高更有利于下一步棋下棋位置的选择。

　　如图 6-7 所示，按照苏拉卡尔塔棋规则，1 号黑棋可以下的位置共有 8 个，但在右上方 2 号黑棋占据了 1 号黑棋可下的位置，因此，1 号黑棋的灵活度为 7。依此类推，2 号黑棋的灵活度为 6，3 号白棋的灵活度为 3，4 号白棋的灵活度为 7，5 号白棋的灵活度为 8。

　　棋子的灵活度也可以在上面的基础上，通过加上能吃子的线路数来定义。如图 6-7 中的 1 号黑棋可以通过左上外弧线吃 4 号白棋，也可以通过左下外弧线和右下外弧线吃 5 号白棋，此时，1 号棋子灵活度为 7 + 2 = 9。其他棋子灵活度计算方法类似。

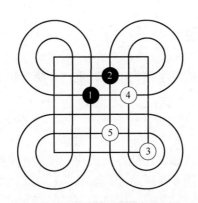

图 6-7　灵活度分析示意图

6.4.4　棋局估值

整体棋局的估值可以通过三方面结合来完成：棋子当前所在位置的价值、进入单吃和互吃状态的棋子的价值（包含直接吃子的价值），以及棋子灵活度的价值。通常可以用下式表示：

$$valueOfBoard = \sum_{i=0}^{n} valueOfPosition[i]chess[i] + \sum_{i}^{n} valueOfState[i]chess[i] +$$
$$\sum_{i=0}^{n} valueOfFlexibility[i]chess[i] \tag{6-1}$$

式中，n 表示当前棋局下一方剩余的棋子的个数；valueOfPosition 项用于计算棋子所在位置的价值，valueOfState 项用于计算棋子进入单吃或互吃状态时棋子的价值和直接吃子的价值，如果使用更为细致的方法，还可以考虑吃子路径，在实际估值中将进一步分解至可详细计算模式（详见第 6.5.3 小节）；valueOfFlexbility 项用于计算棋子的灵活度。

在式（6-1）计算估值函数各方面的影响时并没有考虑各方面的权重，因为这三者对整个局面估值的影响大小差不多。也可以根据实际情况加入权重因子来综合考虑各影响因素对局面估值的影响，若仅某个影响因素需要考虑，也可以单独调整该影响因素，这样可以在一定程度上降低优化估值函数的复杂度。

当前棋局的总价值可以通过分别计算白方和黑方当前棋局的价值，然后再计算两者之间的差值来获得最终的价值。

各部分具体的价值为多少也是一个优化的过程，例如，角位置价值最低，为 10，外弧线的价值为 20，内弧线的价值为 50，互吃状态的价值为 100，单吃状态的价值为 500 等。灵活度则根据棋所在的位置的灵活度放大一定的倍数以适合整体计算值，然后再考虑实际下棋过程的输赢状况，结合优化技术以获得最佳的估值。

在估值函数设计中可以分别使用三个函数来计算三个方面的价值，在实际的设计和实现过程中也可以根据需要忽略计算棋子的灵活度，提高搜索和估值的速度，并可以在一定程度上提高搜索的深度。

6.5　程序的设计与实现

本节从苏拉卡尔塔棋软件的基本结构出发，重点介绍苏拉卡尔塔棋的搜索和估值部分的设计与实现。

6.5.1　软件的基本结构

完整的苏拉卡尔塔棋的软件通常包括界面模块、棋盘表示模块、走法生成模块、搜索模块、估值模块和悔棋模块，如图 6-8 所示。

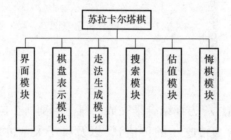

图 6-8　苏拉卡尔塔棋软件的基本结构

苏拉卡尔塔棋下棋的基本过程如图 6-9 所示。

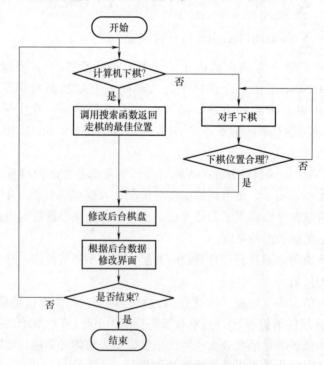

图 6-9　苏拉卡尔塔棋下棋的基本过程

下棋过程中的核心模块为"调用搜索函数返回走棋的最佳位置"，该模块的 UML 模型如图 6-10 所示。

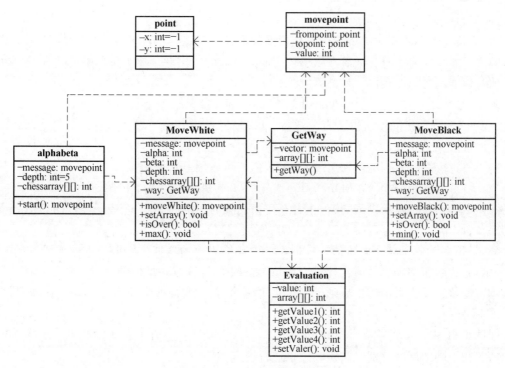

图 6-10   搜索最佳位置的 UML 模型

6.5.2   棋盘数据与棋盘位置价值

苏拉卡尔塔棋的棋盘是一 6×6 大小的棋盘，通常用一个 6×6 的二维矩阵来表示，实际应用上通常与下棋中的棋子价值结合（在后续估值中介绍）。

由于苏拉卡尔塔棋的棋盘较小，棋子在棋盘上的位置对下棋过程的影响较大，因此不能像六子棋等棋种那样将位置的价值忽略，一般需要考虑棋子在棋盘中位置的价值。棋子在棋盘中位置的价值与棋子的表示方法类似，也用二维数组表示，与棋盘数组对应如下：

$$P = \begin{Bmatrix} 0 & 3 & 2 & 2 & 3 & 0 \\ 3 & 6 & 5 & 5 & 6 & 3 \\ 2 & 5 & 4 & 4 & 5 & 2 \\ 2 & 5 & 4 & 4 & 5 & 2 \\ 3 & 6 & 5 & 5 & 6 & 3 \\ 0 & 3 & 2 & 2 & 3 & 0 \end{Bmatrix}$$

6.5.3   走法生成模块的实现

走法生成模块是苏拉卡尔塔棋软件的核心模块，主要功能是搜索获得计算机方下棋时的最佳位置。其搜索算法采用的是与亚马逊棋类似的 α-β 搜索算法，这里不再详述。本部分主要介绍苏拉卡尔塔棋的估值。

根据棋局估值一节介绍，可以将苏拉卡尔塔棋的估值过程细化为如下公式：

$$Value = Value1 + Value2 + Value3 + Value4 + Value5 + Value6 \qquad (6\text{-}2)$$

其中

1）Value 表示当前局面的总价值。

2）Value1 表示棋子子力的价值，在目前的苏拉卡尔塔棋的比赛中规定，当双方在规定的时间内不能完成比赛时，则留有棋子较多的一方获胜。因此，比赛过程中留有棋子的数量在估值过程中也要包含在内，其计算方法如下：

$$Value1 = (white - black) \times v$$

其中，white 为当前棋局中白棋留有的数量，black 为当前棋局中黑棋留有的数量，v 表示每颗棋子的价值（自定义的价值，根据经验确定的）。

3）Value2 表示当前棋盘中棋子位置的价值，可以用下式表示：

$$Value2 = \sum \sum (white[i][j] \times p[i][j] - black[i][j] \times p[i][j])$$

式中，$white[i][j]$ 表示棋盘的第 i 行第 j 列为白棋时，$black[i][j]$ 表示棋盘的第 i 行第 j 列为黑棋时，$p[i][j]$ 为第 6.5.2 小节中介绍的棋盘位置的价值。

4）Value3 为吃子状态的价值，Value4 为内弧线棋子的价值，Value5 为外弧线棋子的价值，Value6 为吃子路径的价值，计算方法与 Value2 的计算方法类似。

本例的搜索算法采用的是 α-β 算法，与估值算法相结合搜索获得最佳位置，流程图如图 6-11 所示。

在图 6-11 中，搜索结束返回的 message（信息）是计算机方下棋的位置和下在当前位置的价值，在不同的层次分别对白棋和黑棋进行搜索和估值。

结合搜索过程的流程以及第 6.5.1 小节所述的 UML 模型图，下面来具体说明搜索与估值部分关键函数的具体实现过程的流程与伪码。

1）走子信息和当前走子分值的伪码如下：

```
01   class Message
02   {
03       int fx =-1,fy =-1;//起始坐标
04       int tx =-1,ty =-1;//终止坐标
05       int result =0;//当前走法对应的分值
06   }
```

2）启动搜索的伪码如下：

```
01   function Message Alpha_Beta(int a[][],int depth)
02   {
03       B[][] = a[][]      //复制数组
04       int max,min
05       Mesaage m = moveWhite(B,depth,max,min)
06       if m. fx =-1 或 m. tx =-1
07           随机选取一个白色棋子
08           此子向能走的方向走一步
09           m 重新赋值
10       end if
```

```
11    return m
12 }
```

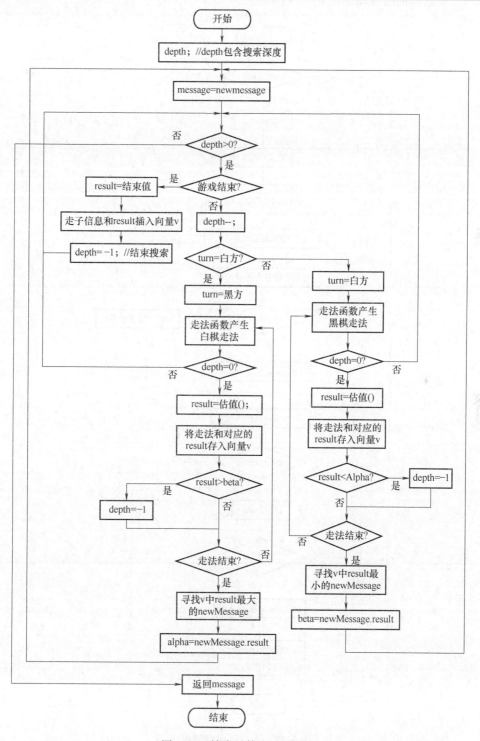

图 6-11   搜索最佳位置流程图

3）白子下棋与黑子下棋是估值和搜索过程的关键步骤，两者下棋过程相似。下面给出白子下棋的流程和伪码。

白子下棋过程的流程图如图 6-12 所示。

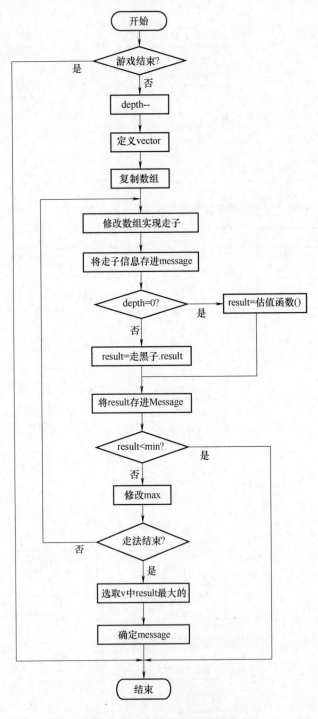

图 6-12　走白棋过程流程图

白子下棋过程的伪码如下：

```
01  function Message moveWhite(int a[][],int depth,int max,int min)
02  {
03      if 游戏结束或 depth < 0
04          return
05      end if
06      depth--
07      Vector < Message > v          //当前层的所有走子信息
08      b[][] = a[][]                 //复制数组
09      while(true)
10      {
11          修改 b[][]                //实现白棋走子和吃子
12          Message  m;
13          记录 m. fx,m. fy,m. tx,m. fy
14          if depth = 0
15              m. result = 估值函数(b[][])
16          else
17              m. result = moveBlack(b,depth,max,min). result
18          end if
19          if result > max
20              max = result
21          end if
22          if result < min
23              搜索结束
24          end if
25          v. add(m)                 //将当前走法与其对应值存入存储器
26          恢复 b[][]
27          if 走法结束
28              break
29          end if
30      }
31      寻找存储器 v 中 result 最大的 m
32      return m
33  }
```

4）黑子下棋的伪码如下：

```
01  function Message moveWhite(int a[][],int depth,int max,int min)
02  {
03      if 游戏结束或 depth < 0
```

```
04        return
05     end if
06     depth--
07     Vector < Message > v          //当前层所有走子的信息
08     b[ ][ ] = a[ ][ ]             //复制数组
09     while(true)
10     {
11         修改 b[ ][ ]              //实现黑棋走子和吃子
12         Message m
13         记录 m. fx,m. fy,m. tx,m. fy
14         if depth = 0
15             m. result = 估值函数(b[ ][ ])
16         else
17             m. result = moveWhite(b,depth,max,min). result
18         end if
19         if result < min
20             min = result
21         end if
22         if result > max
23             搜索结束
24         end if
25         v. add(m)                 //将当前走法与其对应值存入存储器
26         恢复 b[ ][ ]
27         if 走法结束
28             break
29         end if
30     }
31     寻找存储器 v 中 result 最小的 m
32     return m
33 }
```

5) 计算棋子子力价值的伪码如下：

```
01  function int value1(int a[ ][ ])
02  {
03     int white
04     int black
05     for(i = 0; i < n; i ++ )
06     {
```

```
07          for(j = 0; j < n; j ++)
08          {
09              if a[i][j] = 白棋
10                  white ++
11              end if
12              if a[i][j] = 黑棋
13                  black ++
14              end if
15          }
16      }
17      return  (white-black) × 棋子价值
18  }
```

6）计算棋子吃子状态价值的伪码如下：

```
01  function int value3(int a[][])
02  {
03      int white
04      int black
05      for(i = 0; i < n; i ++)
06      {
07          for(j = 0; j < n; j ++)
08          {
09              if a[i][j] = 白棋且 a[i][j] = 吃子状态
10                  black ++
11              end if
12              if a[i][j] = 黑棋且 a[i][j] = 吃子状态
13                  white ++
14              end if
15          }
16      }
17      return  (white-black) × 吃子状态价值
18  }
```

7）计算棋子内弧线/外弧线价值的伪码如下：

```
01  function int value45(int a[][])
02  {
03      value1 = value2
04      value1 = value + 边角子数 ×10
05      for(int i = 0; i < 6; i ++)
```

```
06      {
07          for(int j = 0;j < 6;j ++)
08          {
09              if a[i][j] = 白棋且 a[i][j] = 内线
10                  white_1 ++
11              else if a[i][j] = 白棋且 a[i][j] = 内线
12                  white_2 ++
13              end if
14              if   a[i][j] = 黑棋且 a[i][j] = 内线
15                  black_1 ++
16              else if   a[i][j] = 黑棋且 a[i][j] = 内线
17                  black_2 ++
18              end if
19          }
20      }
21      return(white_1-black_1) × value_1 + (white_2-black_2) × value_2
22  }
```

第7章

西洋跳棋的设计与实现

7.1 简介

　　跳棋是一种非常普及、老少皆宜的游戏,全世界许多国家有各自不同的跳棋,是目前世界上较为普及的游戏之一。每年全世界有 100 多万爱好者参加各种跳棋比赛,是其他各种棋类比赛无法相比的。在我国,跳棋也是一种广大民众喜闻乐见的游戏,图 7-1 所示为我国国内较为普遍的一种跳棋棋盘。

　　这种跳棋可以双方对下,也可以最多由 6 名棋手同时下棋。作为平时娱乐的跳棋,其规则比较简单,通常是要么走一步,要么间隔一个或多个棋子跳跃下棋,而具体可以间隔多少棋子和跳跃多少步各地的规则不尽相同。中国跳棋胜利的判断主要依据是所有棋子占领对方的位置。

　　由于各国、各地区都有各自的跳棋规则,这不利于组织国家间、地区间的比赛,因此,在国际上用于现场比赛或计算机博弈比赛的跳棋制定了规范的标准,比赛采用棋种来源于西洋跳棋或国际跳棋。早先的比赛棋盘为 8×8 棋盘,开局时棋盘上双方各有 12 个棋子,由于计算机硬件的迅速发展,8×8 棋盘已经不适应计算机博弈比赛的要求,因此修改为 10×10 棋盘(也有资料将 8×8 棋盘定义为西洋跳棋,10×10 棋盘定义为国际跳棋,在国际比赛中,目前还存在 8×8 棋盘(Checkers)和 10×10 棋盘(Draughts),本书按照中国大学生计算机博弈大赛定义的标准来说明)。比赛用的标准棋盘如图 7-2 所示。

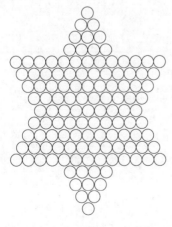

图 7-1　我国的跳棋棋盘

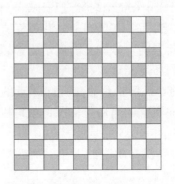

图 7-2　西洋跳棋棋盘(10×10)

开始下棋时的棋盘如图 7-3 所示。

20 世纪 50 年代就开始了国际跳棋的计算机博弈研究，软件工程师塞缪尔（Samuel）开发了第一个国际跳棋程序，开创了国际跳棋计算机博弈的先河。到 1963 年，他所开发的程序就能与棋力较高的人类选手下棋，并获得胜利。

从 1989 年开始，加拿大的科学家对 8×8 棋盘的国际跳棋进行研究，开发了 Chinook 国际跳棋软件，并在 1990 年获得与世界冠军比赛的资格；在 1992 年的人机博弈大赛中，世界冠军 Marion Tinsley 勉强战胜了 Chinook；到 1996 年，已经没有人类选手能够战胜 Chinook 了；经过 18 年的研究之后，在 2007 年，证明出，在下棋双方都不出错的情况下，下棋结果是和棋。

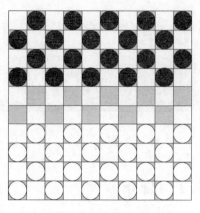

图 7-3　西洋跳棋的初始化棋盘

这个项目采用了 200 多个处理器进行数据处理，到目前为止，这是世界上用时最长的计算过程。

目前，西洋跳棋的棋盘为 10×10 棋盘，由于棋盘增大和棋子数目的增加，大大提高了西洋跳棋计算机博弈的计算复杂度，更有利于计算机博弈比赛的开展。

7.2　规则

西洋跳棋的计算机博弈历史较长，它的规则比较完善。

1）棋盘：西洋跳棋的棋盘为 10×10 的黑白相间的方格棋盘。实际上，并不一定非是白色和黑色的格子，只要它们能够明显区分开就可以。每个玩家的右下角应该是白色格子，如图 7-2 所示。

2）棋子：黑白双方各有 20 个扁圆柱形的棋子，通过掷硬币决定谁是黑方。

3）棋位：黑格为合理棋位，棋位统一编码，如图 7-4 所示。

4）开局：开局时黑白双方的棋子各摆在棋盘靠近自己一方的 4 行黑格当中，如图 7-3 所示。总是黑方先手，然后双方轮流下棋。

5）目标：在整个对弈过程中，白格子是用不到的。棋子自始至终都是在黑格子中沿对角线方向移动和停止。对弈的目标是将对方所有的棋子吃掉或者形成一个局面逼使对方棋子不能移动。

6）跳吃：只要对角线方向邻近的黑格内有对方的棋子并且再过去的黑格是空位，就可以跳过对方的棋子并将其吃掉。

7）如果没有跳吃的走法，那就只能沿对角线方向前移一格。

8）加冕：任何一个棋子到达了对方底线便立刻加冕，从此以后便成为"王"。这时应

	1		2		3		4		5
6		7		8		9		10	
	11		12		13		14		15
16		17		18		19		20	
	21		22		23		24		25
26		27		28		29		30	
	31		32		33		34		35
36		37		38		39		40	
	41		42		43		44		45
46		47		48		49		50	

图 7-4　西洋跳棋的棋位编码

在升王的棋子上面再放一个棋子，以便和普通棋子相区别。

9）连续跳吃由多次跳吃组成，如果具备连续跳吃的条件，则必须连续跳吃。除非不再具备跳吃的条件或者未加冕的棋子到达了对面的底边，才可以结束。

10）未加冕的棋子只能向前移动，但是在跳吃或者连续跳吃的时候可以是向前、向后或者前后组合。

11）只有停止在对方底线上的棋子才能加冕。所以，如果一个棋子在跳吃过程中行进到底线又离开了底线，最后没有停止在底线上，则该棋子不能升"王"。

12）"王"可以在对角线方向上移动任意多个空格。同样，在跳吃的时候，王可以跳过对方棋子前后任意数量的空格。因此，"王"比一般棋子要强大和珍贵。不过，一般棋子是可以吃掉王的。

13）当某一走法结束之后才将吃掉的棋子从棋盘上移出，任何被吃掉的棋子虽然还没有从棋盘上移出也不许再跳经该棋子。也就是说，被吃掉的棋子形成了屏障。

14）跳吃的时候，在具有多种选择的情况下，必须选择吃子最多的走法。如果不止一个棋子或者不止一个路线可以跳吃对方同样多的棋子，玩家可以自主选择哪个棋子或者向哪个方向行进。

15）对弈过程中，经双方同意可以和棋。如果一方拒绝和棋，则该方需要在后续的40步内获胜，或者明确地显示出优势。对于西洋跳棋和棋是经常的，特别是在高水平的对弈中。

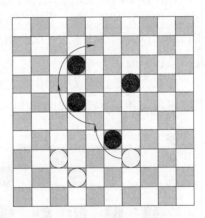

在西洋跳棋的规则中，吃子是其中较为特殊的地方，当具备连续跳吃条件的时候，必须连续跳吃，直至不再具备跳吃条件。如图7-5所示的为连续跳吃的情况，此时右侧白棋必须完成连续跳吃才能结束这一轮下棋。

另一个较为特殊的地方就是，当一方棋子到达对方底线时加冕为"王"，"王"可以在对角线方向上移动任意多个空格，同样在跳吃的时候也可以跳过对方棋子前后任意数量的空格。

图7-5 连续跳吃示意图

7.3 估值分析

在西洋跳棋的估值中，对于位置的估值是其核心，每次棋子的移动都会对整个棋局的估值产生很大的影响。由于西洋跳棋规则的复杂性，在西洋跳棋中正确地对棋子位置的估值是一件很困难的事情，即使棋子位置在棋盘上有一个很小的变化都可能导致局面产生戏剧性的变化。但是，无论如何也有一些基本的判断原则。

在棋子位置估值中最重要的一项是棋盘基本状况 $E(m)$ 的估值，这一估值方法在棋盘一方只剩一个棋子时也能有效进行估值。其计算公式如下：

$$E(m) = (w_p - b_p) + 2.5(w_q - b_q) \tag{7-1}$$

式中，w_p 表示白色棋子的数目，b_p 表示黑色棋子的数目，w_q 表示白"王"的数目，b_q 表示黑"王"的数目。

$E(m)$ 估值方法准确地表示了当前棋盘上棋子数目的总量的差异,同时也表达出了升"王"的效果,是盘面棋子子力的有效估值方法。

另一个基本的估值方法是针对棋子位置的估值,其计算公式如下:

$$E(t) = \begin{cases} -t_b \\ 0 \\ t_b \end{cases} \tag{7-2}$$

式中,$-t_b$是指在开局状态计算的值,0 表示处于中盘状态的值,t_b表示处于残局状态的值。其计算方法如下:对于白棋,每个在第一行的棋子为 1 分,每个在第二行的棋子为 2 分,依此类推;对于黑色棋子,每个在第一行的棋子为 2 分,每个在第二行的棋子为 2 分,依此类推。图 7-6 为开局状态的计算示例。

$E(t)$ 是计算白棋与黑棋之间分数和的差值,$E(t)$ 有时候也被称为进度平衡因子,表示出某一方棋子向对方位置推进的进展。在 $E(t)$ 的计算过程中存在判断棋局是开局、中局和残局的问题,这可以通过两种方法来解决:一种是计算白棋或黑棋的总分数来确定棋局的状态,另一种是计算白棋或黑棋的平均分数来确定棋局的状态。计算总分数的方法在当棋子被吃掉比较多的时候不适用,因此通常是通过计算白棋或黑棋的平均分数来确定当前棋局的状态。例如针对某一方,当平均分数达到 4 时可以认为进入中局状态,当平均分数达到 6 时可以认为进入残局状态。具体数值的大小可以根据具体情况或者经验来确定,也可以采用优化的方法来确定。

在双方下棋过程,中间位置是相对比较有利的位置,占领中间位置的棋子越多越有利于控制棋局,并具有较高的灵活性。图 7-7 表示了中间位置的范围。

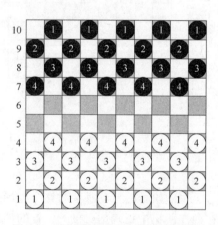

图 7-6 开局状态棋子位置计算示例图

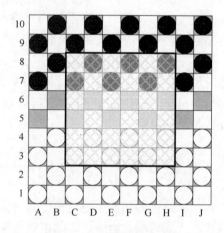

图 7-7 中间位置示意图

中间位置的范围也可以根据情况进行调整。图 7-7 所示的范围是 C3 ～ H8,其计算公式如下:

$$E(c) = w_c - b_c \tag{7-3}$$

式中,w_c表示白棋在中间位置棋子的个数,b_c表示黑棋在中间位置的个数。

对在棋盘中间位置棋子数量的计算,主要考虑了一方棋子的灵活性和对整个棋局状态的控制,在棋盘中间位置的棋子越多越有利于控制整个局面。

三个或三个以上的棋子在同一方向上一个挨一个相连形成列。列使得棋子与棋子之间的关系更加紧密，并容易对对方造成威胁。图 7-8 所示为形成列的形状。

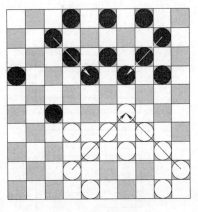

列的计算方法如下：

$$E(g) = w_g - w_b \qquad (7\text{-}4)$$

式中，w_g 表示白棋形成的列数，w_b 表示黑棋形成的列数。

将上述计算过程综合后可得到如下估值函数：

$$E(p) = k_m E(m) + k_t E(t) + k_c E(c) + k_g E(g) \quad (7\text{-}5)$$

式中，k_m、k_t、k_c 和 k_g 表示在估值函数中的权重，具体权重的大小可以通过优化的方法进行调整。典型的优化方法可以采用爬山法等，但是采用优化方法调整参数需要获得

图 7-8　列的棋型图

大量的对局数据。更为简单的方法则是采用经验法来适当调整权重，使用该方法避免了大量对局数据的收集，但存在调整权重精度相对不足的缺点，若不是进行长期的研究，则该方法是一种简单、有效的方法，比较适合计算机博弈比赛采用。

7.4　程序的设计与实现

西洋跳棋软件的基本功能与其他博弈软件类似，其中核心部分也是搜索与估值。本节将以估值与搜索为核心对程序的设计与实现进行描述。

7.4.1　程序的基本结构

西洋跳棋计算机下棋流程如图 7-9 所示。

由图 7-9 可以看出，西洋跳棋计算机下棋的核心也是估值和搜索，整个软件的设计也是围绕估值和搜索部分进行。

西洋跳棋软件的基本结构如图 7-10 所示。

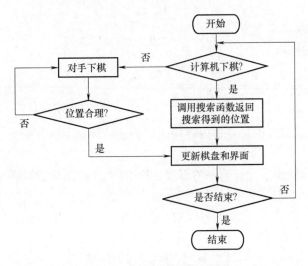

图 7-9　西洋跳棋下棋流程图

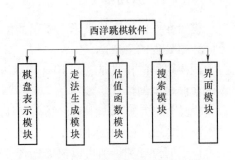

图 7-10　西洋跳棋软件基本结构

西洋跳棋软件的 UML 模型如图 7-11 所示。

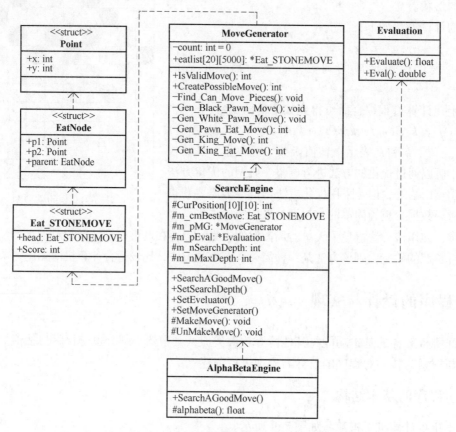

图 7-11　西洋跳棋软件的 UML 模型

图 7-11 所示的模型结构完整地描述了各个类（功能）之间的依赖关系。其中一些主要函数的功能如下：

Evaluation：完成对当前棋局的估值。

MoveGenerator：生成当前棋盘中对应的可下位置。

SearchEngine：为搜索部分提供相应的接口。

AlphaBetaEngine：实现搜索功能。

7.4.2　棋盘数据表示

棋盘数据由棋盘、棋子、棋子的位置、棋盘的尺寸等内容构成。合适的数据表达有助于降低数据处理的复杂性。

西洋跳棋的棋盘是一个 10×10 大小的棋盘，比较简单的方法是用 10×10 的二维数组来表示西洋跳棋的棋盘。

棋盘上的棋子可以根据不同的实现方法来确定。例如，可以用 1 表示黑兵，用 2 表示白兵，用 3 表示黑王，用 4 表示白王，用 0 表示当前没有棋子（通常使用 0 表示棋盘上的位置为空）。

棋子的位置和价值可以根据选择的语言不同来进行设置。例如，对于棋盘位置的坐标，如果使用 C 或 C ++ 则可以用以下方式表示：

```
struct Point
{
    int x;
    int y;
};
```

如果使用 Java 这可以使用以下方式表示:

```
class Point
{
    int x;
    int y;
}
```

不管使用哪一种语言,其表示点的基本结构是相同的。同样,对于表示一手棋的价值,可以用如下方式表示:

```
struct Node
{
    Point p1,p2;
    Node * parent;
};
struct STONEMOVE
{
    Node * head;
    int Score;
};
```

head 是一种走法的头指针,Node 是一种走法中跳吃的一个节点,p1 是己方棋子的位置,p2 是对方被吃跳的位置。

在图 7-11 所示的 UML 模型中也表示出了棋盘数据表示的基本结构和关系,在设计棋盘表示方法时需要尽可能方便数据的处理,有效降低数据处理的复杂性,同时,还需要考虑数据表示方法对数据处理速度的影响。

7.4.3　走法生成模块的实现

走法生成模块主要实现走法的生成,需按照规则来生成可行的走法。在西洋跳棋的走法生成中需要根据规则来合理生成,如果一方的棋子可以跳吃另一方的棋子,此时必须跳吃,利用这一规则和其他的相关规则可以有效降低数据的处理量。

如图 7-12 所示,G3 白棋形成跳吃黑棋,而 C3 白棋和 D2 白棋不能跳吃黑棋,虽然 C3 和 D2 白棋可以在不同的方向上下棋(可下棋位置没有跳吃下法),由于已经找到 G3 存在跳吃黑棋的走法,因此不需要再考虑 C3 和 D2 位置的白棋,也不需要将它加入到走法生成器中。另外,对于 G3 白棋存在两种下发,一种走法是 G3→I5,另一种走法是 G3→E5→C7→

E9。西洋跳棋规则的第 14 条规定：跳吃的时候，在具有多种选择的情况下，必须选择吃子最多的下法。如果不止一个棋子或者不止一个路线可以跳吃对方同样最多的棋子，玩家可以自主选择哪个棋子或者向哪个方向行进。由此可以看出，实际上图 7-12 中的可行走法只有一种，即 G3→E5→C7→E9，它是跳吃最多的走法，因此 G3→I5 走法也不必考虑。

根据西洋跳棋的规则，在生成走法时有这样的生成原则：当下棋方存在跳吃对方的下法时，只需要找出有关跳吃的下法；当存在更长的跳吃路径时就不需要考虑较短的跳吃路径；当最长的跳吃路径存在两条或两条以上时，就需要进行估值来确定选择哪条路径更为合适。这个原则可以根据情况在实际生成走法中使用。

走法生成的基本流程如图 7-13 所示。

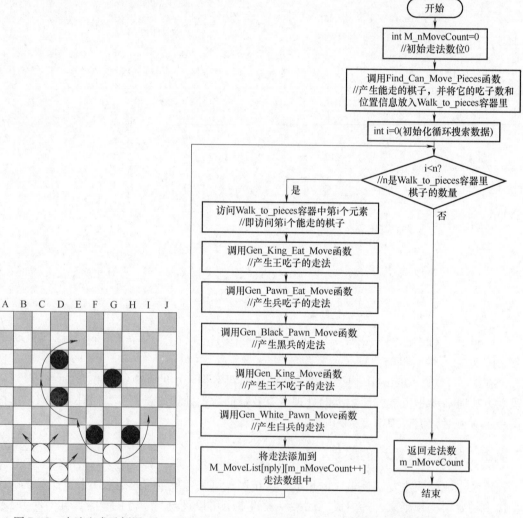

图 7-12　走法生成示例图　　　　　　　图 7-13　走法生成基本流程

图 7-13 所示的走法生成是一个完整的走法生成，适合整体软件的编写，在搜索完成有吃子的情况时，搜索完成所有吃子情况结束搜索即可。

走法生成的 UML 模型如图 7-14 所示。

下面来具体介绍主要函数的功能、参数和伪码。

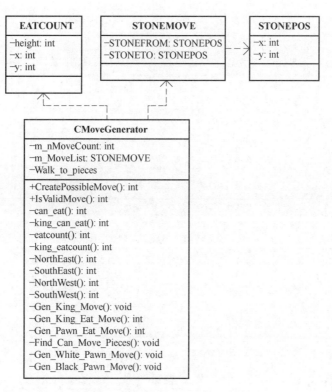

图 7-14 走法生成的 UML 模型

1．CreatePossibleMove() 函数

函数功能：产生当前局面对应的所有走法。

函数参数的含义：position 是棋盘数组，nPly 是搜索的层数（搜索深度），nSide 为下棋方，返回值是整型。

函数实现的方法：①找出能走的棋子；②将每个能走的棋子生成对应的走法。

函数的伪码如下：

```
01 integer CreatePossibleMove(BYTE position[][10],integer nPly,integer nSide)
02 {
03    m_nMoveCount =0//将走法数初始为 0
04    Find_Can_Move_Pieces(position,nSide)
05    //调用 Find_Can_Move_Pieces 函数将要走的棋子放入 Walk_to_pieces 向量里
06    for(依次访问 Walk_to_pieces 容器里的每个元素即每个能走的棋子)
07    {
08        switch(第 i 个棋子)
09        {
10            case 1://黑兵
11            {
12                if(第 i 个棋子的 height >0)//黑兵能吃子
```

```
13          {//调用 Gen_Pawn_Eat_Move 函数产生黑兵吃子的走法,
14            //并将该走法放入走法数组中
15                Gen_Pawn_Eat_Move(position,第 i 个棋子的 x,第 i 个棋
16                    子的 y,NULL,第 i 个棋子的 height,nPly)
17            }
18          else//黑兵不能吃子
19          {//调用 Gen_Black_Pawn_Move 函数产生黑兵不吃子的走法,
20            //并将该走法放入走法数组中
21            Gen_Black_Pawn_Move(position,第 i 个棋子的 x,第 i 个棋
22                子的 y,nPly)
23          }
24          break
25        }
26      case 2://白兵
27        {
28          if(第 i 个棋子的 height >0)//白兵能吃子
29          {//调用 Gen_Pawn_Eat_Move 函数产生白兵吃子的走法,并
30            //将该走法放入走法数组中
31                Gen_Pawn_Eat_Move(position,第 i 个棋子的 x,第 i 个棋
32                    子的 y,NULL,第 i 个棋子的 height,nPly)
33          }
34          else//白兵不能吃子
35          {   //调用 Gen_White_Pawn_Move 函数产生白兵不能吃子的走
36            //法,并将该走法放入走法数组中
37            Gen_White_Pawn_Move(position,第 i 个棋子的 x,第 i 个棋
38                子的 y,nPly)
39          }
40          break
41        }
42      case 3://黑王的走法
43        {
44          if(第 i 个棋子的 height >0)//黑王能吃子
45          {   //调用 Gen_King_Eat_Move 函数产生黑王吃子的走法,并将
46            //该走法放入走法数组中
47            Gen_King_Eat_Move(position,第 i 个棋子的 x,第 i 个棋子
48                的 y,NULL,第 i 个棋子的 height,nPly)
49          }
50          else//黑王不能吃子
```

```
51              {     //调用 Gen_King_Move 函数产生黑王不吃子的走法,并将
52                    //该走法放入走法数组中
53                    Gen_King_Move(position,第 i 个棋子的 x,第 i 个棋子的 y,
54                        nPly)
55              }
56          break
57          }
58      case 4:   //白王的走法
59          {
60              if(第 i 个棋子的 height >0)//白王能吃子
61              {     //调用 Gen_King_Eat_Move 函数产生白王吃子的走法,并将
62                    //该走法放入走法数组中
63                    Gen_King_Eat_Move(position,第 i 个棋子的 x,第 i 个棋子
64                        的 y,NULL,第 i 个棋子的 height,nPly)
65              }
66              else//白王不能吃子
67              {     //调用 Gen_King_Move 函数产生白王不吃子的走法,并将
68                    //该走法放入走法数组中
69                    Gen_King_Move(position,第 i 个棋子的 x,第 i 个棋子的 y,
70                        nPly)
71              }
72          break
73          }
74      }
75  }
76  return m_nMoveCount;//返回走法数
77 }
```

2. Find_Can_Move_Pieces( ) 函数

函数功能：找出所有能走的棋子。

函数参数的含义：position 为棋盘数组，Type 为当前下棋方，返回值是空。

函数实现的方法：①遍历整个棋盘，对棋盘的每个棋子，求出他们的吃子数；②将吃子数多的棋子放入到 Walk_to_pieces 容器中，作为当前局面能走的棋子。

函数的伪码如下：

```
01 void Find_Can_Move_Pieces(BYTE position[10][10],int Type)//找出能走的棋子
02 {
03     EATCOUNT temp;//定义一个吃子数节点
04     清空 Walk_to_pieces 容器
05     if  Type % 2 ==0 //当前棋手是白方
```

```
06          for  i = 0 to 9 step 1 //遍历整个棋盘
07          {
08              for  j = 0 to 9 step 1
09              {
10                  if  position[i][j] == WHITE   //当前棋子是白兵
11                      temp.height = eatcount(position,i,j)//计算该子的吃子数
12                      temp.x = i
13                      temp.y = j
14                  endif
15                  if  position[i][j] == W_KING //当前棋子是白王
16                      temp.height = king_eatcount(position,i,j)
17                      //计算该子的吃子数
18                      temp.x = i
19                      temp.y = j
20                  endif
21 //下面处理的是将吃子数多的棋子放入到 Walk_to_pieces 容器中,即找出能走的棋子
22                  if Walk_to_pieces.empty()//如果 Walk_to_pieces 容器是空的
23                      Walk_to_pieces.push_back(temp)//将该棋子放入容器中
24                  else //Walk_to_pieces 里已经有元素
25                      if Walk_to_pieces[0].height < temp.height
26                      //判断该棋子的吃子数是否比 Walk_to_pieces 中的棋子多
27                          Walk_to_pieces.clear()//清空该容器
28                          Walk_to_pieces.push_back(temp)
29                          //将该棋子放入到 Walk_to_pieces 中
30                      else
31                          if Walk_to_pieces[0].height == temp.height
32                          //如果该子的吃子数和容器中别的棋子吃子数一样多
33                              Walk_to_pieces.push_back(temp)
34                              //将该子也添加到容器中
35                          endif
36                      endif
37                  endif
38              }
39          }
40      else //当前棋手是黑方
41          for  i = 0 to 9 step 1 //遍历整个棋盘
42          {
43              for  j = 0 to 9 step 1
44              {
```

```
45                  if  position[i][j]==BLACK   //当前棋子是黑兵
46                      temp. height = eatcount (position,i,j)//计算该子的吃子数
47                      temp. x = i
48                      temp. y = j
49                  endif
50                  if  position[i][j]==B_KING //当前棋子是黑王
51                      temp. height = king_eatcount (position,i,j);
52                      //计算该子的吃子数
53                        temp. x = i
54                        temp. y = j
55                      endif
56 //下面处理的是将吃子数多的棋子放入到 Walk_to_pieces 容器中,即找出能走的棋子
57                  if  Walk_to_pieces. empty()//如果 Walk_to_pieces 容器是空的
58                      Walk_to_pieces. push_back(temp);//将该棋子放入容器中
59                  else //Walk_to_pieces 里已经有元素
60                      if Walk_to_pieces[0]. height < temp. height
61                      //判断该棋子的吃子数是否比 Walk_to_pieces 中的棋子多
62                          Walk_to_pieces. clear()//清空该容器
63                          Walk_to_pieces. push_back(temp)
64                          //将该棋子放入到 Walk_to_pieces 中
65                      else
66                          if Walk_to_pieces[0]. height == temp. height
67                          //如果该子的吃子数和容器中别的棋子吃子数一样多
68                              Walk_to_pieces. push_back(temp)
69                              //将该子也添加到容器中
70                          endif
71                      endif
72                  endif
73          }
74      }
75 }
```

3. eatcount( ) 函数

函数功能：求普通棋子的吃子数。

函数参数的含义：position 为棋盘数组，i、j 为当前棋子的吃子数，返回值是整型数据，代表该棋子的吃子数。

函数实现的方法：判断该棋子的左上、左下、右上、右下四个方向是否能吃子。如果左上能吃，判断左上跳吃后的位置是否还能跳吃；如果不能吃，再判断其余三个方向是否能跳吃用。采用递归方法来实现。

函数的伪码如下：

```
01 integer eatcount (BYTE position[10][10],integeri,integer j)//计算兵的吃子数
02 {
03     integer h,h1,h2,h3,h4
04     //h 是当前节点的高度,h1 是左下子树的高度,
05     //h2 是右下子树的高度,h3 是左上子树的高度,h4 是右上子树的高度
06     integer Type1,Type2//Type1 当前棋子,Type2 是被跳吃的棋子
07     integer c = can_eat(position,i,j)//求出能吃子的方向
08     if  c == 0   //没有能跳吃棋子的方向
09         return 0//返回子树的高度是 0
10     endif
11     if 左下方能跳吃
12         Type1 = position[i][j]     //保存当前局面
13         Type2 = position[i + 1][j -1]
14         position[i][j] = EMPTY     //进行跳吃
15         position[i + 1][j -1] = EMPTY
16         position[i + 2][j -2] = Type1     //跳吃后的局面
17         h1 = eatcount(position,i +2,j-2)//计算跳吃后左下方子树的高度
18         position[i][j] = Type1     //恢复局面
19         position[i + 1][j -1] = Type2
20         position[i + 2][j -2] = EMPTY
21     else//左下方没有子树存在
22         h1 = 0//左下子树的高度是 0
23     endif
24     if 右下方能跳吃
25         Type1 = position[i][j]     //保存当前局面
26         Type2 = position[i + 1][j +1]
27         position[i][j] = EMPTY     //进行跳吃
28         position[i + 1][j +1] = EMPTY
29         position[i + 2][j +2] = Type1
30         h2 = eatcount(position,i +2,j +2)  //计算跳吃后右下方子树的高度
31         position[i][j] = Type1     //恢复局面
32         position[i + 1][j +1] = Type2
33         position[i + 2][j +2] = EMPTY
34     else    //右下方没有子树
35         h2 = 0
36     endif
37     if 左上方能跳吃
38         Type1 = position[i][j]     //保存当前局面
```

```
39        Type2 = position[i-1][j-1]
40        position[i][j] = EMPTY        //进行跳吃
41        position[i-1][j-1] = EMPTY
42        position[i-2][j-2] = Type1
43        h3 = eatcount(position,i-2,j-2)  //计算跳吃后左上方子树的高度
44        position[i][j] = Type1        //恢复局面
45        position[i-1][j-1] = Type2
46        position[i-2][j-2] = EMPTY
47    else      //左上方没有子树
48        h3 = 0
49    endif
50    if 右上方能跳吃
51        Type1 = position[i][j]        //保存当前局面
52        Type2 = position[i-1][j+1]
53        position[i][j] = EMPTY        //进行跳吃
54        position[i-1][j+1] = EMPTY
55        position[i-2][j+2] = Type1
56        h4 = eatcount(position,i-2,j+2)        //计算跳吃后右上子树的高度
57        position[i][j] = Type1        //恢复局面
58        position[i-1][j+1] = Type2
59        position[i-2][j+2] = EMPTY
60    else //右上方没有子树
61        h4 = 0
62    endif
63    h = h1、h2、h3、h4 中的最大值
64    return   h+1//返回该节点的吃子数
65 }
```

4. can_eat( ) 函数

函数功能求出兵吃子的方向。

函数参数的含义：position 为棋盘数组，i、j 为当前棋子的坐标，返回值是整型数据，代表能吃子的方向。

函数实现的方法：判断该位置的四个方向是否能满足跳吃要求，如果能就记录该方向。

函数的伪码如下：

```
01  integer can_eat(BYTE position[][10],integer i,integer j)
02  //判断兵的四个方向是否有跳吃
03  {
04      integer value = 0
```

```
05    if  position[i][j] % 2 ==0       //棋子类型为白棋
06      if  i +2 <10 and j-2 >=0 && position[i +1][j-1 ] % 2 ==1 and
07          position[i +2][j- 2] ==EMPTY   //判断左下方向能跳吃
08          value = value |(0x1 <<1)        //记录左下方能跳吃子的状态
09       endif
10       if  i +2 <10 and j +2 <10 and position[i +1][j +1] % 2 ==1 and
11          position[i +2][j +2] ==EMPTY   //判断右下方向能跳吃
12          value = value |(0x1 <<2)        //记录右下方能跳吃子的状态
13       endif
14       if  i-2 >=0 and j-2 >=0 and position[i-1][j-1 ] % 2 ==1 and
15          position[i-2][j- 2] ==EMPTY   //判断左上能跳吃
16          value = value |(0x1 <<3)        //记录左上能跳吃子的状态
17       endif
18       if  i-2 >=0 and j +2 <10 and position[i-1][j +1 ] % 2 ==1 and
19          position[i-2][j + 2] ==EMPTY   //判断右上能跳吃
20          value = value |(0x1 <<4)        //记录右上能跳吃子的状态
21       endif
22    else//棋子类型为黑子
23       if  i +2 <10 and j-2 >=0 && position[i +1][j-1 ] % 2 ==1 and
24          position[i +2][j- 2] ==EMPTY   //判断左下方向能跳吃
25          value = value |(0x1 <<1)        //记录左下方能跳吃子的状态
26       endif
27       if  i +2 <10 and j +2 <10 and position[i +1][j +1] % 2 ==1 and
28          position[i +2][j +2] ==EMPTY   //判断右下方向能跳吃
29          value = value |(0x1 <<2)        //记录右下方能跳吃子的状态
30       endif
31       if  i-2 >=0 and j-2 >=0 and position[i-1][j-1 ] % 2 ==1 and
32          position[i-2][j- 2] ==EMPTY   //判断左上能跳吃
33          value = value |(0x1 <<3)        //记录左上能跳吃子的状态
34       endif
35       if  i-2 >=0 and j +2 <10 and position[i-1][j +1 ] % 2 ==1 and
36          position[i-2][j + 2] ==EMPTY   //判断右上能跳吃
37          value = value |(0x1 <<4)        //记录右上能跳吃子的状态
38       endif
39    endif
40    return value
41  }
```

5. Gen_Pawn_Eat_Move( ) 函数

函数功能：产生兵吃子的走法。

函数参数的含义：position 为棋盘数组，x、y 为当前棋子的位置；parentnode 是父节点的指针，height 是子树的高度，nply 是层数，返回值是整型。

函数实现的方法：将高度等于树的高度的链（从叶子节点回到根节点的节点链）保存起来，作为走法放入到走法生成器里。

函数的伪码如下：

```
01 integer Gen_Pawn_Eat_Move(BYTE position[10][10],integer x,integer y,NODE
02     *parentnode,integer height,integer nply)//产生兵吃子的走法
03 {   //该函数是 eatcount 函数的变形
04     integer h,h1,h2,h3,h4//h1,h2,h3,h4 分别指当前节点的四个方向子树的高度
05     integer Type1,Type2//Type1 为当前棋子,Type2 是被跳吃的棋子
06     integer c = can_eat(position,x,y)//求出能吃子的方向
07     if  c == 0 //没有能跳吃棋子的方向,即该节点是叶子节点
08         if height == 0   //判断该子树的高度是否等于树的高度
09             //将该叶子节点作为该走法的头结点保存在走法生成器中
10             NODE   *node
11             node = (NODE *)malloc(sizeof(NODE))
12             node->parent = parentnode
13             node->p1.x = x
14             node->p1.y = y
15             m_MoveList[nply][m_nMoveCount ++].head = node
16         endif
17         return 0
18     endif
19     if 左下方能跳吃
20         //产生左下方这个节点并为它分配存储空间
21         NODE   *node
22         node = (NODE *)malloc(sizeof(NODE))
23         node->parent = parentnode
24         Type1 = position[x][y]     //保存当前局面
25         Type2 = position[x + 1][y -1]
26         position[x][y] = EMPTY     //跳吃
27         position[x + 1][y -1] = EMPTY
28         position[x + 2][y -2] = Type1
29         h1 = Gen_Pawn_Eat_Move(position,x +2,y-2,node,height -1,nply)
30         //求出左下方子树的高度
31         if h1 == height -1
```

```
32        //判断当前子树的高度是否等于以该节点为根节点树的高度
33        //保存该节点作为走法系列的一个节点
34            node->p1.x = x
35            node->p1.y = y
36            node->p2.x = x + 1
37            node->p2.y = y -1
38        else
39            free(node)//不保存该节点,且释放给节点的内存
40        endif
41        position[x][y] = Type1 //恢复局面
42        position[x + 1][y -1] = Type2
43        position[x + 2][y -2] = EMPTY
44    else
45        h1 = 0
46    endif
47    if 右下方能跳吃
48    //产生右下方这个节点并为它分配存储空间
49        NODE    * node
50        node = (NODE * )malloc(sizeof(NODE))
51        node->parent = parentnode
52        Type1 = position[x][y]      //保存当前局面
53        Type2 = position[x + 1][y +1]
54        position[x][y] = EMPTY        //跳吃
55        position[x + 1][y +1] = EMPTY
56        position[x + 2][y +2] = Type1
57        h2 = Gen_Pawn_Eat_Move(position,x +2,y +2,node,height -1,nply)
58        //求出右下方子树的高度
59        if h2 ==height -1
60        //保存该节点作为走法系列的一个节点
61            node->p1.x = x
62            node->p1.y = y
63            node->p2.x = x + 1
64            node->p2.y = y +1
65        else
66            free(node)//不保存该节点,且释放给节点的内存
67        endif
68        position[x][y] = Type1 //恢复局面
69        position[x + 1][y +1] = Type2
```

```
70          position[x + 2][y +2] = EMPTY
71      else
72          h2 = 0
73      endif
74      if 左上方能跳吃
75      //产生左上方这个节点并为它分配存储空间
76          NODE   * node
77          node   = (NODE * )malloc(sizeof(NODE))
78          node-> parent = parentnode
79          Type1 = position[x][y] //保存当前局面
80          Type2 = position[x-1][y -1]
81          position[x][y] = EMPTY //跳吃
82          position[x- 1][y -1] = EMPTY
83          position[x-2][y -2] = Type1
84          h3 = Gen_Pawn_Eat_Move(position,x-2,y-2,node,height -1,nply)
85          //求出左上方子树的高度
86          if h3 == height -1
87          //产生左上方这个节点并为它分配存储空间
88              node-> p1. x = x
89              node-> p1. y = y
90              node-> p2. x = x-1
91              node-> p2. y = y -1
92          else
93              free(node) //不保存该节点,且释放给节点的内存
94          endif
95          position[x][y] = Type1     //恢复局面
96          position[x- 1][y -1] = Type2
97          position[x-2][y -2] = EMPTY
98      else
99          h3 = 0
100     endif
101     if  右上方能跳吃
102     //产生右上方这个节点并为它分配存储空间
103         NODE   * node
104         node = (NODE * )malloc(sizeof(NODE))
105         node-> parent = parentnode
106         Type1 = position[x][y]      //保存当前局面
107         Type2 = position[x-1][y +1]
```

```
108        position[x][y]=EMPTY        //跳吃
109        position[x-1][y+1]=EMPTY
110        position[x-2][y+2]=Type1
111        h4=Gen_Pawn_Eat_Move(position,x-2,y+2,node,height-1,nply)
112        //求出右上方子树的高度
113        if h4==height-1
114        //产生右上方这个节点并为它分配存储空间
115            node->p1.x=x
116            node->p1.y=y
117            node->p2.x=x-1
118            node->p2.y=y+1
119        else
120            free(node)//不保存该节点,且释放给节点的内存
121        endif
122        position[x][y]=Type1        //恢复局面
123        position[x-1][y+1]=Type2
124        position[x-2][y+2]=EMPTY
125    else
126        h4=0
127    endif
128    h=max(h1,h2,h3,h4);        //h 等于 h1、h2、h3、h4 中最大值
129    return h+1
130 }
```

王吃子的函数 Gen_King_Eat_Move( ) 与兵吃子函数 Gen_Pawn_Eat_Move( ) 的实现方法类似，可以参照 Gen_Pawn_Eat_Move 自行实现。

6. Gen_Black_Pawn_Move( ) 函数

函数功能：产生黑兵的走法。

函数参数的含义：position 为棋盘数组，x、y 为当前棋子的位置，nply 为搜索的深度，返回值为空。

函数实现的方法：判断黑子的左下方和右下方是否是合法位置且能下棋，如果是，则保存该走法。

函数的伪码如下：

```
01 void Gen_Black_Pawn_Move(BYTE position[10][10],integer x,integer y,
02    integer nply)//产生黑兵的走法
03    {    //当黑方在棋盘的上时
04        if  x+1 <=9 and y-1 >=0 and position[x+1][y-1]==EMPTY
05        //判断该棋子的左下方位置是否合法且为空
```

```
06      //产生该节点对应走法
07          NODE * node1 = (NODE * )malloc(sizeof(NODE))
08          NODE * node2 = (NODE * )malloc(sizeof(NODE))
09          node1->parent = node2
10          node1->p1.x = x + 1
11          node1->p1.y = y-1
12          node2->parent = NULL
13          node2->p1.x = x
14          node2->p1.y = y
15          node2->p2.x = x
16          node2->p2.y = y
17          m_MoveList[nply][m_nMoveCount ++ ].head = node1
18          //将该走法加入到走法数组中
19      endif
20      if  x +1 <=9 and y +1 <=9 and position[x + 1][y + 1] == EMPTY
21      //判断该棋子的右下方位置是否合法且为空
22      //产生该节点对应走法
23          NODE * node1 = (NODE * )malloc(sizeof(NODE))
24          NODE * node2 = (NODE * )malloc(sizeof(NODE))
25          node1->parent = node2
26          node1->p1.x = x + 1
27          node1->p1.y = y + 1
28          node2->parent = NULL
29          node2->p1.x = x
30          node2->p1.y = y
31          node2->p2.x = x
32          node2->p2.y = y
33          m_MoveList[nply][m_nMoveCount ++ ].head = node1
34          //将该走法加入到走法数组中
35      endif
36  }
```

产生白兵的走法函数 Gen_White_Pawn_Move( ) 与产生黑兵的走法函数 Gen_Black_Pawn_Move( ) 类似，可以参照产生黑兵的走法函数实现。

7. NorthEast( ) 函数

NorthEast( )、SouthEast( )、NorthWest( )、SouthWest( ) 函数的功能是分别计算王在左上、左下、右上、右下方向的空格数。

函数参数的含义：position 为棋盘数组，x、y 为当前棋子的位置，返回值为整型数据，代表空格数。

下面以 NorthEast() 函数的伪码为例，说明具体的实现方法，其他函数的实现方法相同。

NorthEast() 函数的伪码如下：

```
01    int NorthEast(BYTE position[10][10],int x,int y)
02    //判断王棋的左上角方向有几个空格
03    {
04        for i =1 to x and y step 1
05        {
06            if position[x-i][y-i] !=EMPTY
07                    return i
08            else
09                continue
10            endif
11        }
12        return i
13    }
```

7.4.4 估值函数的实现

估值函数是根据式（7-5）来实现的，实现函数为 Eval（integer position [ ][10]，integer Type），函数参数为当前棋盘和下棋方。函数的伪码如下：

```
01    double Eval(integer position[][10],integer Type)
02    {
03        integer white_pawn =0          //white_pawn 记录白兵个数
04        integer white_queen =0         //white_queen 记录白王个数
05        integer black_pawn =0          //black_pawn 记录黑兵个数
06        integer black_queen =0         //black_queen 记录黑王个数
07        real   em                      //em 为棋盘上棋子数的估值
08        integer Bet = 0                //Bet 为黑方的进度平衡因子
09        integer Wet = 0                //Wet 为白方的进度平衡因子
10        integer Tb =0                  //Tb 为当前棋盘的进度平衡因子的估值
11        integer Wc =0                  //Wc 为白棋在中间位置棋子的个数
12        integer Bc =0                  //Bc 为黑棋在中间位置的个数
13        integer Ec =0                  //Ec 为棋盘中间位置棋子数量的估值
14        integer Wg =0                  //Wg 为白方的列数
15        integer Bg =0                  //Bg 为黑方的列数
16        integer Eg =0                  //Eg 为列数的估值
17        for i =0 To 9 Step 1
```

```
18 {
19     for j = 0 To 9 Step 1
20     {
21         switch position[i][j]
22         {
23             case 1:
24             {
25                 black_pawn ++        //黑兵个数加1
26                 Bet += (i +1)        //求黑方的进度平衡因子
27                 if  i >=2 and i <=7 and j >=2 and j <=7
28                 //判断是否在中心区域
29                     Bc ++        //黑棋在中间位置的个数加1
30                     endif
31                 if  i +3 <=9 and j- 3 >=0 and position[i +1][j-1] ==
32                 position[i][j]
33                     and position[i +2][j-2] ==position[i][j]
34                     and position[i +3][j-3] ==position[i][j]
35                     //判断当前棋子是否构成左斜的列
36                     Bg ++ //黑方的列数加1
37                 endif
38                 if  i +3 <=9 and j +3 <=9 &&
39                 position[i +1][j +1] ==
40                 position[i][j]
41                     and position[i +2][j +2] ==position[i][j]
42                     and position[i +3][j +3] ==position[i][j]
43                     //判断当前棋子是否构成右斜的列
44                     Bg ++ //黑方的列数加1
45                 endif
46                 break
47             }
48             case 2:
49             {
50                 white_pawn ++
51                 Wet += (10- i)
52                 if  i >=2 and i <=7 and j >=2 and j <=7
53                     Wc ++
54                 endif
55                 if  i +3 <=9 and j-3 >=0 and position[i +1][j-1] ==
```

```
56              position[i][j]
57                  and position[i+2][j-2] ==position[i][j]
58                  and position[i+3][j-3] ==position[i][j]
59                  Wg ++
60              endif
61              if  i+3 <=9 and j+3 <=9 and position[i+1][j+1] ==
62              position[i][j]
63                  and position[i+2][j+2] ==position[i][j]
64                  and position[i+3][j+3] ==position[i][j]
65                  Wg ++
66              endif
67              break
68          }
69      case 3:
70          {
71              black_queen ++
72              Bet += (i+1)
73              if  i >=2 and i <=7 and  j >=2 and j <=7
74                  Bc ++
75              endif
76              if  i+3 <=9 and j-3 >=0 and position[i+1][j-1] ==
77              position[i][j]
78                  and position[i+2][j-2] ==position[i][j]
79                  and position[i+3][j-3] ==position[i][j]
80                  Bg ++
81              endif
82              if  i+3 <=9 and j+3 <=9 and position[i+1][j+1] ==
83                  position[i][j]
84                  and position[i+2][j+2] ==position[i][j]
85                  and position[i+3][j+3] ==position[i][j]
86                  Bg ++
87              endif
88              break
89          }
90      case 4:
91          {
92              white_queen ++
93              Wet += (10-i)
94              if  i >=2 and i <=7 and j >=2 and j <=7
```

```
95                   Wc ++
96              endif
97              if  i +3  <=9 and j-3 >=0 and position[i +1][j-1] ==
98              position[i][j]
99                  and position[i +2][j-2] ==position[i][j]
100                  and position[i +3][j-3] ==position[i][j]
101                  Wg ++
102              endif
103              if  i +3  <=9 and j +3  <=9 and position[i +1][j +1] ==
104              position[i][j]
105                  and position[i +2][j +2] ==position[i][j]
106                  and position[i +3][j +3] ==position[i][j]
107                  Wg ++
108              endif
109              break
110          }
111      }
112    }
113  }
114  if  Type % 2 ==1  //如果是黑方
115      em = (black_ pawn-white_ pawn) + 2.5 * (black_queen-white_queen)
116      //计算棋盘上棋子数的估值
117      Tb = Bet-Wet       //Tb 应该为分段函数,请读者自己设计
118      Ec =Bc- Wc         //计算棋盘中间位置棋子数量的估值
119      Eg =Bg-Wg          //计算列数的估值
120  else //当前方是白方
121      em = (white_pawn-black_pawn) + 2.5 * (white_queen-black_queen)
122      Tb = Wet-Bet
123      Ec =Wc - Bc
124      Eg = Wg- Bg
125  endif
126  return  x1 * em+ x2 * Tb + x3 * Ec + x4 * Eg
127  }
```

在第 118 行中，$x1$、$x2$、$x3$、$x4$ 表示在估值函数中的权重，具体权重的大小可以通过优化的方法进行调整。

7.4.5 搜索算法的实现

西洋跳棋的搜索算法一般采用的是 α-β 算法，其详细流程如图 7-15 所示。

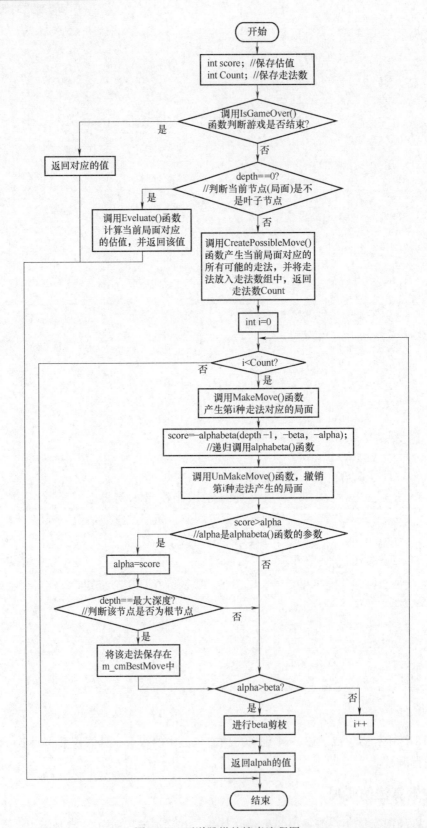

图 7-15　西洋跳棋的搜索流程图

算法实现的伪码如下:

```
01  integer alphabeta(integer depth,integer Type,integer alpha,integer beta)
02  {
03      integer score,Count,i
04      i = IsGameOver(CurPosition,depth)      //判断当前棋局是否结束
05      if  i!=0      //当前棋局已结束
06          return  i
07      endif
08      if  depth = 0      //叶子节点
09          return score = Eval(CurPosition,3-Type)//Eval 是估值函数
10      endif
11      Count = CreatePossibleMove(CurPosition,depth,Type)
12      //CreatePossibleMove 是走法产生器函数
13      for i = 0 to Count step 1
14      {
15          MakeMove(m_MoveList[depth][i],Type)//产生第 i 个局面
16          score = - alphabeta(depth-1,3-Type,-beta,-alpha)
17          //递归调用 alphabeta 函数进行下一层搜索
18          nMakeMove(m_MoveList[depth][i])//函数撤销第 i 个局面
19          if  score > alpha
20              alpha = score
21              if  depth = m_nMaxDepth
22              //m_nMaxDepth 是人为设置的最大深度,即此时为根节点
23                  m_cmBestMove = m_MoveList[depth][i]
24                  //将当前走法(第 i 个走法)作为最佳走法
25              endif
26          endif
27          if  alpha >= beta //进行 beta 剪枝
28              return alpha
29          endif
30      }
31      return alpha
32  }
```

第8章

桥牌的设计与实现

8.1 简介

桥牌是两人对两人的四人游戏，是一种高雅、文明、竞技性很强的智力性游戏。从2015年起，桥牌计算机博弈成为中国计算机博弈锦标赛的正式项目。

打桥牌需要四个人，分为两方。四人的座位分为东西南北，东西为一方，南北为一方。双方作为对手比赛。桥牌使用不含大小王的52张扑克，共分梅花（C）、方片（D）、红心（H）、黑桃（S）四种花色。四种花色有高低之分，按照英文各自开头一个字母的顺序排列而成，即梅花（Club）为C，方片（Diamonds）为D，红桃（Hearts）为H，黑桃（Spades）为S。其中，梅花和方片为低级花色（Minor suit），每副20分；红桃和黑桃为高级花色（Major suit），每副30分。每一种花色有13张牌，顺序如下：A（最大）、K、Q、J、10、9、8、7、6、5、4、3、2（最小）。

桥牌的打牌过程如下：开局由发牌人按顺时针方向发牌，每次1张，每人13张。发完牌后开始叫牌，叫牌由发牌者开始，依顺时针方向轮流。各人根据自己手中牌的内容，做出"pass"或叫出一个数字带花色的叫牌，如2红桃、3NT等。跟叫方必须叫出比前一叫牌方更高的花色等级或数字。若有三个连续"pass"则通过定约。在叫牌过程中，若防守方认为有击败定约方的把握时，可以叫加倍；若定约方有把握完成定约时，可在加倍后叫再加倍。定约完成后即开始打牌，打牌时定约人的同伴是明手，要将手中的牌全部摊开。四人出齐后赢得墩的人出牌，依次类推，直至打完第13墩牌，最后根据定约人赢得的墩数计分。

计算机博弈中，根据参与者是否拥有决策所需要的全部信息分为非完备信息博弈和完备信息博弈。非完备信息博弈，就是指在不充分了解其他参与人的特征、策略空间以及收益函数等情况下的博弈。在桥牌博弈里，一方参与者除了已经打出的牌和明手牌外，不知道其他参与者所拥有的牌况，只能根据自己手中的牌的牌型、牌点及叫牌过程中的信息进行叫牌和打牌，从而获得更好的定约，进而获得更好的分数。因此，桥牌计算机博弈属于非完备信息博弈。

桥牌计算机博弈程序的界面如图8-1所示。

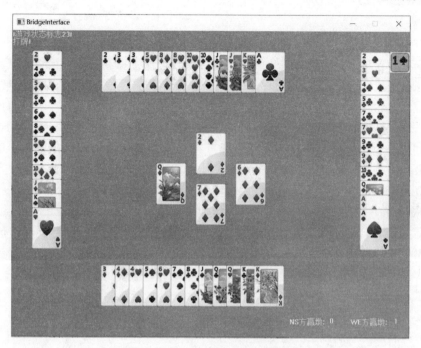

图 8-1　桥牌计算机博弈程序界面示例

8.2　规则

1. 定约

所谓定约，是指经过叫牌，最后由一方确定经另一方同意的一个叫牌级数的协定。确定定约的一方称为定约方，其宗旨是要完成定约；同意的一方称为防守方，其目标是击垮对方的定约。定约分有将定约和无将定约两种：有将定约是确定某一花色为将牌，将牌除可以在本花色中赢墩外，还可以将吃其他三门花色（假如没有这门花色的话）；无将定约就是没有将牌的定约，其输赢只根据同一花色中每一张牌的大小来确定。

52 张牌平均分配，每人 13 张。打牌时，一方出牌，另外三方跟着出一张，出完一轮胜方将该张牌竖着放，负方横着放，每赢一轮称为得一墩。定约以 6 墩为本底墩数，6 墩以上的牌方可算作赢墩。

2. 叫牌

发牌之后出牌之前要进行叫牌，其目的是使同伴之间互通牌情，以便找到最佳定约，或者干扰对方选择出最有利的定约，以此达到战胜对方的目的。按规定由发牌者首先叫牌（通常是北，以后轮换），根据牌点的高低，发牌者可叫可不叫。此后，再由他的下家（左方）叫牌，依次顺时针轮流进行。如果四家全都不叫，这副牌记为双方零分，开始打下一局牌。

当一家开叫后，任何一家可以根据花色类别的次序在更高水平上争叫，只要在前一家同类墩数上叫更高一个数或在更高一类（花色或无将）上叫同一墩数均可。类别的排列如下：无将（最高）、黑桃、红桃、方片、梅花（最低）。直到三家不叫，表示承认为止。叫得最高的那个花色就是将牌花色（或无将），而该级别的数字就是定约的水平，两者合称定约。

3. 打牌

一个定约（无将或有将）在叫牌时被确定之后，防守方位于定约者（又称庄家、暗手）左边的一家称为首攻人，由他来打出第一张牌。首攻人的下家在首攻之后将自己的牌全部摊开，按同花色摆成四列，此家称为明手。明手的对家是定约者，他负责打明、暗两手的牌。明手出牌后，就轮到首攻人的同伴出牌，最后轮到定约者出牌。至此，桌上共有四张出过的牌，每家一张，称为一墩牌。每家必须随出牌者出同花色的牌，如手中已无这门花色，则可用将牌（任何一张将牌都大于其他花色的牌）将吃或垫掉一张闲牌。在一墩牌里，如果有将牌，则最大的将牌是赢牌。第二轮的出牌由赢得第一墩的那家先出，其他家仍依顺时针方向出牌，直至 13 张牌全部出完。

4. 成局奖分

定约基本分达 100 分以上者方算成局，否则为未成局。未成局只奖 50 分。成局奖分在无局时是 300 分，有局时是 500 分。除了有将定约以外，桥牌中还有无将定约（No Trump），即打无主牌，这种定约第一墩为 40 分，第二墩以后均为 30 分。

5. 满贯

叫到并打成 6 阶定约称为小满贯（Small（Little）Slam），除奖励成局奖分外，无局额外奖励 500 分，有局额外奖励 750 分。

叫到并打成 7 阶定约称为大满贯（Grand Slam），除奖励成局奖分外，无局时额外奖励 1000 分，有局时额外奖励 1500 分。

8.3 桥牌博弈程序的关键技术

8.3.1 抽样的设计

桥牌博弈程序的关键点在于抽样和打牌的搜索空间。在初始状态，有 6.35×10^{11} 种可能的牌局；在己方和明手方牌型已知的情况下，也有 1.04×10^7 种可能牌局。桥牌抽样是为了解决非完备信息下信息不对称的问题，而传统暴力算法效率低下，不适用于此类情形。

此类情况可以采用基于蒙特卡罗的抽样方法，进行随机模拟。其过程如下：

1）将桥牌发牌流程抽象为具体概率问题，剔除明手和定约者发已知手牌，用数学方法建立伪随机数，建立一个随机的模拟发牌模型，使未知手牌分布概率恰好等于发牌分布概率。

2）在程序中多次模拟随机发牌过程，对抽样数据建立抽样方式，经过多次重复实验，对实验数据进行推断。

3）详细分析结果数据，进行回溯剪枝的双明手评估，得到该局面下的最佳出牌路线。多次重复此流程，汇总出现次数最多、收益最大的结果到程序选择的路线。

8.3.2 双明手求解器

双明手问题一直是桥牌博弈程序的一个重要研究方向，双明手求解器是使用蒙特卡洛抽样原理构建博弈程序的重要一环。在桥牌游戏中，由于"忍让"等策略的存在，对于接下来几墩最有利的出牌策略往往不是真正能完成定约的最优解，因此桥牌的出牌搜索往往需要进行到游戏结束。幸运的是，桥牌的搜索树虽然要展开很深，但由于有花色规则的存在，每层搜索实际要展开的节点数其实很少，而当后期各方均有花色告缺时，每层的结点数虽有所增多，但是总的搜索层数却已经减少。因此，桥牌博弈程序虽然一直难以达到人类水平，但是对于已知的牌局求出最优解已经在20世纪得到解决。事实上，在使用蒙特卡洛抽样进行策略搜寻的博弈程序相比于其他完全信息博弈程序，并不侧重于搜索广度与深度的提升，而在于单次双明手求解运算速度的比拼。随着相关算法的发展，一些相似牌局搜索优化方法、模糊牌局预测等新方法已经出现。

双明手求解器基于零窗口搜索，求解过程将每一张出牌视为一个走法，其搜索函数的伪代码如下：

```
01  function Search(posPoint,target,depth)
02      if depth==0:
03          tricks=evaluate
04          return tricks>=target? TRUE:FALSE
05      else:
06          MakeMove
07      if  player's turn to move:
08          value=FALSE
09  moveExists=TRUE
10  while moveExists:
11  Do
12      value=Search(posPoint,target,depth-1)
13  Undo
14  if  value==TRUE://未搜索到头,但已经达到目标
15      goto searchExit
16  else:
17      value=TRUE
18  moveExists=TRUE
19  while moveExists:
20  Do
21      value=Search(posPoint,target,depth-1)
22  Undo
23  if  value==FALSE://未搜索到头,但已经达到目标
24      goto searchExit
25  searchExit:return value
```

8.3.3 优化抽样的算法实现

现有的蒙特卡洛出牌策略中采用的是随机抽样方法生成牌局，样本与实际牌局的吻合程度直接决定了博弈程序的智能程度。研究表明，在适当约束下，分阶段生成牌局可以快速、

准确地产生牌局样本，从而解决盲目抽样造成的牌局样本生成效率低、准确度差的问题。

1. 约束的选择

在传统的桥牌比赛中，会通过牌型与牌点来表示一副手牌的特点，而叫牌的策略也与牌型和牌点密切相关。牌点由这副牌中大牌（A，K，Q，J）的数量决定，通常的计算方法：牌点 $= NA \times 4 + NK \times 3 + NQ \times 2 + NJ \times 1$；而牌型则表示了一副手牌在各个花色上的数量。之所以将这两者作为一副牌的主要特征，是因为桥牌的规则决定了游戏的下述规律：首先，桥牌中的赢墩在多数情况下由所谓的"大牌"赢得；其次，在某些特殊牌型下，通过牌型确定出的合适定约可以使得某方在某门花色中获得巨大优势，因此叫牌法规定一些特殊牌型可以作为牌点调整的依据。想要完成一次比较准确的抽样，这两项约束是必不可少的。

在应用中，使用一个两行六列的二维数组来表示叫牌过程中得到的约束。两行代表两个未知玩家，按顺时针进行排列；六列分别代表可能牌点的最大值与最小值，以及每种花色的最小张数。

除此之外，还有一些规律也可以作为约束以提高抽样的准确性。需要注意的是，这些约束并不是一个静态的量，随着游戏的进行，随着剩余未知牌的范围的缩小，只有对各种约束进行动态调整才能持续保证抽样的准确。

2. 分布抽样的实现

对于牌局的生成，一些研究中使用了遗传算法提高牌局生成的速度。通过将单次抽样分为两个阶段，而每个阶段的可能性极为有限，借此简化抽样的过程。在每次抽样前，首先要针对游戏轮局信息进行配置，这个过程主要包括获取未知牌的队列以及根据游戏进程对约束进行更新。

大牌共有 16 张，在随机发牌足够多次的情况下，某方手中的大牌数量将呈现正态分布。大部分情况下，第一墩首攻结束明手方摊牌后，未知方位的大牌在 8 张左右，即使是通过遍历的方式生成大牌，全部可能性在大部分情况下只有 $2^4 \sim 2^{12}$ 种，这使得进行一次完整的遍历是可能的。尝试每种情况，验证该情况下牌点是否符合产生的约束范围，对可能的情况进行保留，即完成了大牌的生成。在实际实现过程中，这一过程又分为两个步骤：①对未知方可能的大牌数量进行生成，②根据剩余的牌进行分配。

小牌的数量较多，约束较少，且在实际中发现，小牌的误差对牌局的影响情况也较小。因此，在分配未知的小牌时，在考虑是否符合对牌型的预测的前提下，进行盲目抽样的结果准确度仍是可以接受的。在已经确定的每种大牌分布基础上，进行若干次小牌分布的抽样，样本数量根据所需计算时间进行设定。这样便完成了牌局样本的生成，实验结果表明这种生成方式摒弃了对牌局适应度的评估，但是仍然能够保证样本的准确程度。图 8-2 所示为分布抽样流程。

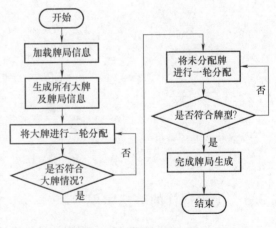

图 8-2　分布抽样流程图

8.4 程序的设计与实现

8.4.1 桥牌博弈系统架构

桥牌计算机博弈需要使用专门开发的桥牌博弈系统进行比赛。从功能模块划分来看，整个桥牌博弈系统可以分为博弈平台和 AI 引擎两大部分，如图 8-3 所示。

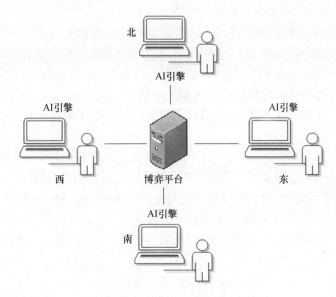

图 8-3 桥牌博弈系统的拓扑结构

8.4.2 博弈平台的设计与实现

桥牌博弈平台可分为界面模块、裁判模块、通信模块三个主要功能模块。其中，界面模块主要负责与用户进行交互，将系统中的配置信息传递给裁判模块，同时把用户实时出牌方法传递给通信模块；通信模块负责收/发用户和 AI 引擎的实时出牌情况，同步传递给裁判模块，并向裁判模块发出请求，对当前游戏状态进行绘制；裁判模块是博弈平台的核心，负责整个游戏进程的控制。

桥牌博弈平台由比赛主办方完成，各个参赛选手可直接编写 AI 引擎，加载到博弈平台即可。桥牌博弈平台可发出的指令类型有 BRIDGEVER、INFO、DEAL、BID、CONTOVER、DUMMY、PLAY、BBREAKINFO、PBREAKINFO、GAMEOVER 和 ERROR。选手引擎程序可发出的指令类型为：BID、PLAY 和 OK。

交互协议指令的含义如下：

1）BRIDGEVER ver：裁判告知选手所采用的协议版本号，当前为 1.0。

例如：BRIDGEVER 1.0。

2）OK BRIDGEVER：选手回复确认信息。

3）INFO gameid, turnid, turncount, truntime, roundid, roundcount, time, cnGame：裁

判告知选手当前轮局信息（以英文逗号隔开）。

- gameid 为游戏赛制，根据提供的桥牌赛制说明文档中的顺序赋值，1 为 VP 赛系统，可调整。
- turnid 为当前轮序号。
- turncount 为总轮数，暂定 6 轮，可调整。
- turntime 为每轮游戏的时间，单位为秒（s），暂定 20min，可调整。
- roundid 为当前牌序号。
- roundcount 为每轮总牌数，暂定 8 副牌，可调整。
- time 为 AI 引擎应答时间限制，单位为秒（s），暂定为 15（s），可调整。
- cnGame 为当前局况，0 为双方无局，1 为南北有局，2 为东西有局，3 为双方有局。

例如：INFO 1，1，6，1200，1，8，15，1。

4）OK INFO：选手应答轮局信息，无可变参数。

5）DEAL dC1，C2，C3，C4，C5，C6，C7，C8，C9，C10，C11，C12，C13：裁判告知选手方位和发牌编码。

- d 为选手方位：E 代表东方位、W 代表西方位、S 代表南方位、N 代表北方位。
- Ci 为发给选手的纸牌编码，见表 8-1，各牌编码间用逗号分隔。

例如：DEAL N0，4，5，7，9，10，17，21，25，33，34，39，41。

6）OK DEAL：选手应答发牌信息，无可变参数。

7）BID dWN：裁判转发其他选手叫牌信息。

- d 为选手方位：E 代表东方位、W 代表西方位、S 代表南方位、N 代表北方位。
- W 表示墩数，0~7。当 W 为 0 时，N 必须为 0。
- N 为 0 表示 Pass，为 1 表示梅花，为 2 表示方块，为 3 表示红桃，为 4 表示黑桃，为 5 表示无将。

例如：北方位 Pass 表示为 BID N00，南方位两个黑桃表示为 BID S24。

8）OK BID：选手应答叫牌信息，无可变参数。

9）BID WHAT：裁判询问选手叫牌，无可变参数。

10）BID dWN：选手应答叫牌询问。

- d 为选手方位：E 代表东方位、W 代表西方位、S 代表南方位、N 代表北方位。
- W 表示墩数，0~7，8 = Dbl，9 = ReDbl。当 W 为 0、8、9 时，N 必须为 0。
- N 为 0 表示 Pass，为 1 表示梅花，为 2 表示方块，为 3 表示红桃，为 4 表示黑桃，为 5 表示无将。

例如：北方位 Pass 表示为 BID N00，南方位两个黑桃表示为 BID S24，北方位加倍表示为 N80。

11）CONTOVER dWND：裁判通知定约信息，含定约者方位和定约信息。

- d 为选手方位：E 代表东方位、W 代表西方位、S 代表南方位、N 代表北方位。
- W 表示墩数，0~7。当 W 为 0 时，N 必须为 0。
- N 为 0 表示 Pass，为 1 表示梅花，为 2 表示方块，为 3 表示红桃，为 4 表示黑桃，为 5 表示无将。
- D 为 0 表示无，为 8 表示加倍，为 9 表示再加倍。

例如：北方位 6 个红桃表示为 CONTOVER N630。

12）OK CONTOVER：选手应答定约信息，无可变参数。

13）DUMMY dC1，C2，C3，C4，C5，C6，C7，C8，C9，C10，C11，C12，C13：裁判所有方位选手明手的方位和发牌编码。

- d 为明手选手方位：E 代表东方位、W 代表西方位、S 代表南方位、N 代表北方位。
- Ci 为明手选手的纸牌编码，见表 8-1，各牌编码间用逗号分隔。

例如：DUMMY S2，3，6，8，11，12，13，22，26，32，35，38，40。

14）OK DUMMY：选手应答选手搭档发牌信息，无可变参数。

15）PLAY dWHAT：裁判询问选手出牌，无可变参数。

- d 为选手方位：E 代表东方位、W 代表西方位、S 代表南方位、N 代表北方位。

例如：PLAY NWHAT。

16）PLAY dC：选手应答裁判出牌询问。

- d 为选手方位：E 代表东方位、W 代表西方位、S 代表南方位、N 代表北方位。
- C 为选手出牌编码。

例如：PLAY N6。

17）PLAY dC：裁判转发其他选手出牌信息，参数含义见指令 16）。

18）OK PLAY：选手应答裁判出牌转发信息，无可变参数。

19）BBREAKINFO dWN，dWN，dWN…：叫牌阶段断线信息。此时平台与 AI 引擎之间只有叫牌交互，在断线重连服务成功后，平台重新连接 AI 引擎，依次发送版本信息（指令 1））、轮局信息（指令 3））、发牌信息（指令 5））和叫牌断线信息。

- d 为选手方位：E 代表东方位、W 代表西方位、S 代表南方位、N 代表北方位。
- W 表示墩数，0 ~ 7。当 W 为 0 时，N 必须为 0。
- N 为 0 表示 Pass，为 1 表示梅花，为 2 表示方块，为 3 表示红桃，为 4 表示黑桃，为 5 表示无将。

例如：BBREAKINFO E00，N12，W00，S42。

20）OK BBREAKINFO：选手应答叫牌断线信息提示。

21）PBREAKINFO dC，dC，dC，dC：出牌过程中断线，此时断线重连成功后会依次发送版本信息（指令 1））、轮局信息（指令 3））、发牌信息（指令 5））、叫牌断线信息（指令 7））、定约消息（指令 13））、明手牌消息（指令 15））和出牌断线消息。

断线协议可能出现在游戏的任何时机。客户端在断线后会启动重连机制，此时会自动重新加载 AI，并将断线信息广播给 AI，因此不同时机的断线信息不同。

例如：PBREAKINFO N12，E13，S22，W26。

22）OK PBREAKINFO：选手应答发牌断线信息提示。

23）GAMEOVER dW：裁判告知本局赢家的方位。

- d 为选手方位：E 代表东方位、W 代表西方位、S 代表南方位、N 代表北方位。
- W 为方位选手得的墩数。

例如：GAMEOVER E6。

24）OK GAMEOVER：选手应答裁判本局赢家信息，无可变参数。

25）ERROR d：裁判转发选手异常错误信息，本局结束。

d 为选手方位：E 代表东方位、W 代表西方位、S 代表南方位、N 代表北方位。

26）OK ERROR：选手应答裁判异常错误信息，无可变参数。

注意：交互协议指令中如含多张牌编码，应按升序排列。

表 8-1　桥牌的内部编码表

编码	花色点数	编码	花色点数	编码	花色点数	编码	花色点数
0	♣2	1	♦2	2	♥2	3	♠2
4	♣3	5	♦3	6	♥3	7	♠3
8	♣4	9	♦4	10	♥4	11	♠4
12	♣5	13	♦5	14	♥5	15	♠5
16	♣6	17	♦6	18	♥6	19	♠6
20	♣7	21	♦7	22	♥7	23	♠7
24	♣8	25	♦8	26	♥8	27	♠8
28	♣9	29	♦9	30	♥9	31	♠9
32	♣10	33	♦10	34	♥10	35	♠10
36	♣J	37	♦J	38	♥J	39	♠J
40	♣Q	41	♦Q	42	♥Q	43	♠Q
44	♣K	45	♦K	46	♥K	47	♠K
48	♣A	49	♦A	50	♥A	51	♠A

8.4.3　AI 引擎的设计与实现

桥牌 AI 引擎采用模块化设计思想，根据其功能，可以设计为三个主要文件：控制台应用程序入口文件（SAUbridge. cpp）、桥牌博弈平台和 AI 引擎之间通信交互文件（Communication. cpp），以及实现叫牌与打牌等主要操作的博弈文件（Game. cpp）。其中，博弈文件（Game. cpp）是桥牌 AI 引擎的核心部分。三个文件所包含的主体源码详见附录 B。

第9章

德州扑克的设计与实现

9.1 简介

德州扑克是近年来国内外比较流行的扑克牌类游戏，它是近年来国外学者重点研究的一种典型的不完全信息动态博弈问题。下面简单阐述一下不完全信息动态博弈问题的数学定义。

不完全信息动态博弈可由一个六元组表示，具体定义如下：

$$DG \, \mathrm{II} = \{\Gamma, S, U, T, O, H\}$$

1）Γ：参与者集合。$Card(\Gamma) \geqslant 2$，$Card(\ )$ 表示集合中元素的个数。

2）S：参与人的战略空间。$S_i \subseteq S$，$i = 1$，2，$\cdots$，n，S_i 代表第 i 个参与者所有可选择的战略集合。

3）U：博弈参与者的效用函数，即战略所带来的收益。$u_i \in U, u_i(s_1, s_2, \cdots, s_n)$，$i = 1, 2$，$\cdots, n$。

4）T：类型。参与者 i 的类型 $t_i \in T, i = 1, 2, \cdots, n$，是参与者 i 的私人信息，即 t_i 对于局中人 i 是已知的，而对于其余局中人而言，是个随机变量，且概率分布式为共同知识。

5）O：决策顺序，定义了参与人之间决策的先后顺序。

6）H：先前决策所传递的信息，$h = (a_1, a_2, \cdots, a_k) \in H$，其中 k 为博弈从开始到结束一次发生的行动次数，行动序列中的 $a_1, a_2, \cdots, a_k$ 都为变量。

参与者是类型依存的，每个参与者的行动都传递有关自己类型的信息，后行动者可以通过观察先行动者的行动来推断自己的最优行动。先行动者预测到自己的行动被后行动者利用，就会设法传递对自己最有利的信息。

2006 年，加拿大阿尔伯特大学（University of Alberta）作为主办方举办了首届国际计算机扑克大赛，德州扑克就是参赛项目之一；2008 年，德州扑克博弈系统 Polaris 首次战胜了职业选手。但是在很长一段时间里，德州扑克一直没有实现求解。两人参与的有赌注上限的德州扑克（Heads-up limit hold'em poker）的状态复杂度约为 3.16×10^{17}，小于国际跳棋（Checkers），但是由于它属于不完全信息博弈问题，这些状态中的大多数是无法确认的，充满了随机性和不确定性，因此，扑克类博弈问题已经成为人工智能领域非常具有挑战性的研究课题。

9.2 规则

本节主要介绍德州扑克的一种规则，即一对一赌注无上限德州扑克，它是一种双人扑克游戏，如图 9-1 所示。一共有 52 张牌，没有大、小王。每个玩家分 2 张扑克牌作为底牌（只有本方可见，其他玩家不可见），另有 5 张是所有玩家可见的公共扑克牌被陆续发出。其具体规则如下：

首先，每个玩家分别得到 2 张底牌（称为 Preflop 阶段），随着第一轮两个玩家交替下注后，开始陆续发公共牌：

1）第一次发牌将同时发 3 张公共牌（称为 Flop 阶段），然后由小盲注开始表态，玩家可以选择下注、加注或者盖牌放弃，若有一个玩家弃牌，则此次牌局结束。

2）第二次发牌只发 1 张公共牌（即第 4 张公共牌，Turn 阶段），由小盲注开始轮流表态。

3）第三次发牌是发第 5 张公共牌（River 阶段），由小盲注开始轮流表态。

最后，亮底牌并开始比牌（Showdown 阶段），由手中的两张底牌、五张公共牌中的任意 3 张，组成 5 张最大的牌型进行互相比较，牌型最大的玩家赢得赌注池中的筹码。牌型大小依次为：同花顺、四条（如四张 2）、葫芦（三带二）、同花、顺子、三条、两对、一对、高牌（见表 9-1）。若两个玩家拥有的 5 张牌牌型大小相同，则赌池中的筹码被两个玩家平分。小盲注双方轮换担任，每一局有四轮下注的机会，每一轮加注次数不限。

图 9-1　德州扑克牌局面示例

表 9-1　德州扑克五张扑克牌牌型表

牌 型 等 级	五张扑克牌牌型	举　　　例
1	同花顺	AsKsQsJs10s
2	四条	AsAdAcAh3h
3	葫芦	KsKdKc9h9s
4	同花	Kh8h6h4h2h
5	顺子	AsKhQsJc10d
6	三条	KsKcKh6h5h
7	两对	AdAc9s9c4h
8	一对	KcKh8d5h3h
9	高牌	KcJh7h5s3d

注：s 代表黑桃，d 代表方块，h 代表红心，c 代表梅花。

9.3 博弈树的设计

博弈树是描述二人博弈过程的有效工具,对于二人对弈的德州扑克同样适用。根据德州扑克的规则,每个发牌阶段发完公共牌之后,两个玩家需要交替下注,图9-2所示为德州扑克一轮下注过程的博弈树。博弈树包括:

1)玩家节点(如图9-2中的圆形节点)。对于二人德州扑克,该节点表示本方玩家或对方玩家,这两种节点在博弈树中交替出现。

2)机会节点(如图9-2中的六边形节点)。该节点表示当前牌局进入下一轮发牌阶段。

3)每个玩家节点包含三种下注行为(如图9-2中的分支)。根据规则,每个玩家只有三种下注行为,即弃牌、下注/加注、看牌/跟注。

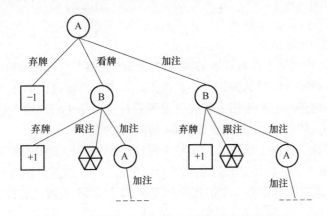

图 9-2   德州扑克一轮下注过程的博弈树示意图

9.4 估值函数的设计

本节主要介绍一种基于哈希技术的德州扑克牌型对照表的设计。

在博弈树展开到叶子节点(亮底牌)时,需要调用估值函数来评价每个叶子节点的优劣。根据德州扑克对弈规则,Showdown 阶段需要比较双方五张扑克牌的牌型大小(见表9-1)。通过程序进行牌型在线判断的方式,过于烦琐且影响系统的搜索效率。

本节设计并构建了一种基于哈希技术的牌型大小对照预置表。哈希技术在棋类博弈问题启发式搜索及开局、残局库中经常用到,基于哈希技术的置换表是启发式搜索中最为重要的算法,在计算机博弈系统中起着十分重要的作用。作为混合博弈树搜索引擎中的一种启发式搜索算法,在搜索中如果有和置换表中相同的节点,不用再向下搜索,可以直接调用表中的记录,这样省去了很多时间,从而提高了搜索效率。本节将哈希技术用于建立德州扑克牌型大小对照表,在程序启动时,将牌型大小对照表加载到内存中,采用查表的形式代替烦琐的牌型判断,缩短判断牌型大小所需的时间,以提高搜索效率。

1. 牌型对照表的设计

牌型对照表由牌型种类、同类牌型中的排名、是否已有数据标志位及牌型识别码四个字段组成。表的每一行占 16 个字节，表的尺寸为 $2.6M \times 16B \approx 42MB$（$2,598,960$ 种牌型）。采用哈希技术，随机生成 52 张扑克牌的 32 位整数和 64 位整数（即两个 4×13 的二维数组），通过各个扑克牌对应的数组元素进行异或运算，其中运算得到的 64 位整数代表五张扑克牌牌型，32 位整数 &0x3FFFFFF 得到 26 位地址作为该牌型在表的主键（即数组下标）。定义表结构的伪代码如下：

```
01    struct HashItem
02    {
03        short type;//牌型种类
04        short flag;//该位置是否已存放数据标志位
05        int ranking;//同类牌型中的排名
06        unsigned _int64 checksum;//五张扑克牌的 64 位识别码
07    }
```

2. 牌型对照表的构建

在系统启动时，生成基于哈希技术的牌型对照表，利用查表代替烦琐的程序判断，实现快速比较双方在 Showdown 阶段的牌型大小的功能。具体的构建流程如下：

1）牌型对照表由基本表和溢出表组成（这种设计主要用于解决哈希冲突问题）。

2）随机生成扑克牌的 32 位随机整数和 64 位随机整数。

3）分别生成同花、四条、葫芦、顺子等 5 张扑克牌牌型种类中的所有牌型，并存放到哈希表中。以同花顺为例，根据四种花色和每个花色从 A～5 的牌型作为循环嵌套：

① 分别取 5 张连续的扑克牌，取出相应扑克牌 32 位、64 位随机整数，做异或运算。

② 根据异或得到的 32 位整数，计算 26 位地址。

③ 计算并写入排名字段，标志位 flag 置 1。

④ 写入类型字段。

⑤ 写入 64 位哈希值，作为牌型识别码。

3. 查询牌型对照表

德州扑克博弈树在展开到叶子节点（Showdown 阶段）时，需要查询牌型对照表来确定双方的胜负关系。查询牌型对照表的步骤如下：

1）分别从双方的 7 张扑克牌中，找到牌型最大的 5 张扑克牌牌型。具体步骤如下：

① 首先从 7 张扑克牌中，生成所有的 5 张扑克牌组合。

② 遍历这个集合，排除高牌的牌型。

③ 查询牌型对照表，得到具体牌型类型和在该类型中的排名。

④ 相互比较，得到最大的牌型。

⑤ 若所有牌型都为高牌，则对这些牌型按照数值降序排列，再相互比较得到最大的牌型。

2）与对方的最大牌型进行比较，判定胜负关系。

4. 哈希冲突的解决方法

基于哈希技术的牌型对照表虽然可以提高查询效率，但是哈希技术存在一个缺陷，即哈希冲突。哈希冲突是指，关键字 key1 ≠ key2，但是 $H(key1) = H(key2)$，这里 $H()$ 表示哈希函数。无论哈希函数的散列度多么高，哈希表存在冲突都无法避免。对于博弈树搜索中的基于哈希技术的置换表来说，即使存在冲突，也可以通过搜索代替查表，影响的只是搜索效率。而本节提出的牌型对照表，用于 Showdown 阶段比较双方牌型大小，包含了所有的 5 张扑克牌牌型，不允许存在冲突。

采取建立公共溢出区与开放定址法相结合的方式可解决哈希表存在冲突的问题。具体设计思路如下：

1）将哈希表尺寸扩大到 64MB，提高表的散列度。

2）将数据存放到基本哈希表。

3）若哈希值冲突，则存放到公共溢出表中。

4）若公共溢出表中也存在相同哈希值的数据，则采用开放定址法解决此冲突，即采用线性探测再散列的方法，将哈希值做加 1、加 2 等处理，找到接近冲突地址且空的位置，存放数据。

9.5　专家系统和专家知识库的设计

在博弈树展开过程中，对于玩家节点，一般有三种下注行为（即走法，博弈树中玩家节点的分支）。为了提高德州扑克博弈树展开的效率，可依据专家经验，为本方玩家节点选择最佳决策行为。

1. 一种适用于德州扑克问题的专家系统

德州扑克在 Preflop 阶段，没有发放公共牌，不确定性过大，如果展开博弈树，由于博弈树中包含太多随机因素，搜索效率很低且不够准确。因此，在 Preflop 阶段，可以不展开博弈树，而是根据本方手牌的牌型和对方的下注行为，利用专家系统，直接决定本方下注行为。依据德州扑克规则，可分别建立 Preflop 阶段手牌分析专家系统及 Flop、Turn、River 阶段专家系统。

2. 一种基于深度学习神经网络的专家知识库

这里采用一种深度学习方法——卷积神经网络（Convolutional Neural Networks，CNN），以海量历史牌局作为学习样本，利用已有知识来预测对手的决策习惯。通过国际计算机扑克博弈大赛网站提供的历届若干位高水平德州扑克博弈系统的历史牌局（约 20,000,000 个牌局，如图 9-3 所示）作为学习样本，将历史牌局视为完全信息动态博弈，对每一个德州扑克牌局采用卷积神经网络学习这些历史数据，从而推测对手的决策行为建议。

```
STATE:0:r200c/cr304f:6hKd|Qs7s/Jc9s4s:-200|200:act1_2pn_2016|pokercnn_2pn_2016
STATE:1:r330c/cc/cc/cr957f:KcAd|4hTc/9s8s4s/5c/4d:-330|330:pokercnn_2pn_2016|act1_2pn_:
STATE:2:r596c/cc/r1311r3298f:8d9s|6c9d/2h5dQd/3d:-1311|1311:act1_2pn_2016|pokercnn_2pr
STATE:3:f:9d8h|8d3c:50|-50:pokercnn_2pn_2016|act1_2pn_2016
STATE:4:cr285c/r1425f:9sQs|Jh5s/5dKcTs:285|-285:act1_2pn_2016|pokercnn_2pn_2016
STATE:5:r223c/cc/cr646c/r1906c:Ts9d|4h5c/2dTd3d/7c/5h:1906|-1906:pokercnn_2pn_2016|act'
STATE:6:r200c/cr399f:5d3h|7sAs/QdKsAh:-200|200:act1_2pn_2016|pokercnn_2pn_2016
STATE:7:r223c/r383c/r943f:5sJs|5c3h/4d9sJd/Ad:383|-383:pokercnn_2pn_2016|act1_2pn_201
STATE:8:r235f:3s4h|Ks2d:-100|100:act1_2pn_2016|pokercnn_2pn_2016
STATE:9:r330f:8s2s|2h6h:-100|100:pokercnn_2pn_2016|act1_2pn_2016
STATE:10:cc/cc/cc/cc:Kc2s|4dTs/JdKsTd/Qd/Kd:-100|100:act1_2pn_2016|pokercnn_2pn_2016
STATE:11:cr257f:KhQc|3dJc:100|-100:pokercnn_2pn_2016|act1_2pn_2016
STATE:12:r200f:7c3s|4sQs:-100|100:act1_2pn_2016|pokercnn_2pn_2016
STATE:13:r223c/cr520f:Kc7h|6cQc/5sQhJd:-223|223:pokercnn_2pn_2016|act1_2pn_2016
```

图 9-3　德州扑克历史牌局截图

（1）总体设计　为了使卷积神经网络可以识别历史对弈数据，需要对牌局文件（.txt文件）做处理，即一行一行地读取文件中的牌局数据，并转换成卷积神经网络可以识别的.csv文件。图9-4描述了深度学习模块的总体设计。

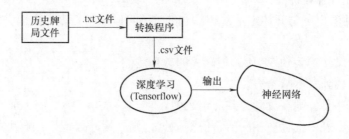

图9-4　深度学习模块功能示意图

（2）学习历史牌局数据的卷积神经网络结构设计　依据德州扑克对弈规则，共有52张扑克牌，系统可以采用二维数组表示对弈过程中的牌型，即 poker[4][13]，每个数组元素用 1 表示已发放，0 表示未发放。对于卷积神经网络的设计，采用 20×20 的张量表示一张扑克牌，就是将 4×13 矩阵扩展到 20×20 矩阵，空位用 0 填补。牌局中出现的玩家决策行为及产生的筹码量也放在这个矩阵中。

9.6　程序的设计与实现

9.6.1　德州扑克博弈系统架构

德州扑克是一种典型的非完全信息动态博弈问题，其博弈系统架构与完全信息动态博弈问题（如围棋、中国象棋等）相似，具体的系统架构组成如图9-5所示。

德州扑克博弈系统主要由五个模块组成，其中，数据表示模块主要指扑克牌和走法（即下注行为）如何在计算机系统中表示，根

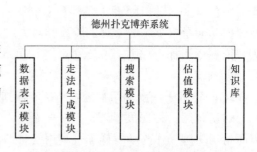

图9-5　德州扑克博弈系统架构的组成

据德州扑克的规则，共有52张牌，没有大、小王。本系统采用二维数组来表示52张扑克牌，即 poker[4][13]，第一维表示扑克牌的花色，下标0、1、2、3分别表示黑桃、红心、方块、梅花。对于走法，在德州扑克中就是两个玩家的下注行为，根据规则，玩家的下注行为包括下注、加注、看牌、跟注和弃牌，在系统中用五个整型常量（1～5）来表示。

走法生成模块的功能是指对于某个德州扑克局面，用此模块产生具体的走法。德州扑克的牌局局面分为玩家下注时对应的局面和发公共牌的局面。对于下注时对应的局面，其走法就是玩家的下注行为，根据规则，每个发牌阶段先表态的玩家允许的下注行为包括下注、看牌和跟注，后表态的玩家允许的下注行为包括加注、跟注和弃牌；对于发公共牌的局面，其走法就是生成某个发牌阶段所有可能被发放的公共牌的组合。

9.6.2 搜索模块

德州扑克的下注阶段包括 Preflop、Flop、Turn、River 四个阶段。随着手牌及公共牌的发放，随机性和不确定性逐渐降低，各个阶段的搜索策略并不相同。对于系统的搜索模块，本书设计了一种分阶段的二人赌注无上限德州扑克博弈树。由于对方手牌不可见，博弈树搜索模块首先要生成所有可能的对方手牌牌型，然后根据每两张具体牌型以及目前牌局所处的下注阶段，展开一轮下注过程，依此类推，进而描述在该下注阶段之后，牌局的完整对弈过程。当博弈树展开到叶子节点（Showdown node），调用估值函数，判定胜负关系并计算输赢筹码量。搜索模块总体的 PAD 图（Problem Analysis Diagram，问题分析图）如图 9-6 所示。

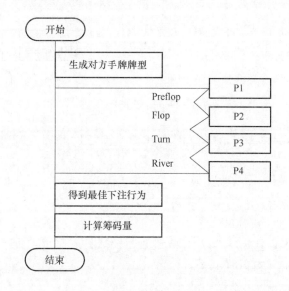

图 9-6　搜索模块总体的 PAD 图

图 9-7 所示为 Preflop 阶段的 PAD 图。

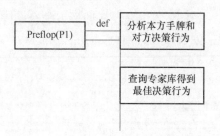

图 9-7　Preflop 阶段的 PAD 图

图 9-8 所示为 Flop 阶段实现搜索的 PAD 图。

Flop 阶段实现搜索的伪码如下：

//展开 Flop 阶段的整个博弈树

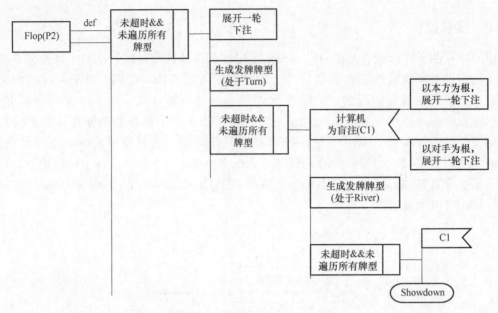

图 9-8　Flop 阶段的 PAD 图

```
01    float Searchengine::ExpandGameTreeOfFlop(PLAYER * players)
02    {
03        int value =0;//收益值
04        int player =0;//计算机方
05        //机会节点的收益均值
06        float EVofTURN =0;//Flop 阶段计算机方一个非 Folp 行为的收益值
07        float EVofRIVER =0;
08        //展开一轮下注过程
09        value = ExpBetRound(arrayOfActions,1,player ==0? 1:0,FLOP);
10        if(value ==0)//采用跟注行为或让牌
11        {
12            //进入 Turn 阶段,生成 Turn 阶段发放公共牌的集合
13            GenCommunityCards(TURN,0);
14            for(int j =0;j <45;j ++ )
15            {
16            //展开一轮下注过程
17            value =ExpBetRound(arrayOfActions,1,player ==0? 1:0,TURN);
18            if(value ==0)
19            {
20                //进入 River 发牌阶段,生成 River 阶段发放公共牌的集合
21                GenCommunityCards(RIVER,0);
22                for(int k =0;k <44;k ++ )
```

```
23          {
24              int value = 0;  //收益值
25              //展开最后一轮下注过程
26          value = ExpBetRound(arrayOfActions,1,player == 0? 1:0,RIVER);
27              if(value == 0)
28              { //River 阶段的下注过程若出现 call,则进入 Showdown 阶
29                //段,开始比牌
30                  EVofRIVER +=
31  CompareHandRanking(players,publiccards) * chipsOfPlayer[1].
32  costChips_Hand * 1.0/44;
33              }
34          EVofRIVER += value * 1.0/44;  //计算 River 机会节点的收益均值
35          }
36  //将 River 机会节点的收益均值计算在内,作为 Turn 阶段某种发牌节点的收益值
37                  EVofTURN += EVofRIVER * 1.0/45;
38          }
39          //计算机会节点的收益均值 value * Pr() + value * pr() + …
40          EVofTURN += value * 1.0/45;
41      }
42      return EVofTURN;  //计算机方采取一个非 Flop 行为的收益值
43  }
44  else
45  {//发生 Folp 行为
46      return value;
47  }
48 }
```

图 9-9 所示为 Turn 阶段实现搜索的 PAD 图。

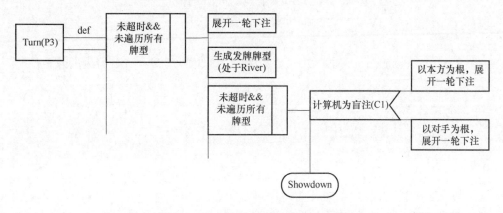

图 9-9　Turn 阶段实现搜索的 PAD 图

Turn 阶段实现搜索的代码如下：

```
01   float Searchengine::ExpandGameTreeOfTurn(PLAYER * players)
02   {
03       int value = 0;
04       int player = 0;//计算机方
05       //机会节点的收益均值
06       float EVofRIVER = 0;//Turn 阶段,计算机方一个非 Flop 行为的收益值
07       //展开一轮下注过程
08       value = ExpBetRound(arrayOfActions,1,player ==0? 1:0,TURN);
09       if(value ==0)//采用跟注行为或让牌
10       {
11           //进入 River 发牌阶段,生成 River 阶段发放公共牌的集合
12           GenCommunityCards(RIVER,0);
13           for(int k =0;k <44;k ++)
14           {
15               int value =0;
16               //展开最后一轮下注过程
17               value =ExpBetRound(arrayOfActions,1,player ==0? 1:0,RIVER);
18               if(value ==0)
19               { //River 阶段的下注过程若出现 call,
20                   //则进入 Showdown 阶段,开始比牌
21                   //先从每个玩家的 7 张扑克牌中找到牌型最大的五张牌,然后
22                   //再比较两个玩家最强五张牌的牌型大小。返回值乘以对方本局
23                   //消耗的筹码量就是计算机方赢得的筹码
24                   EVofRIVER +=CompareHandRanking(players,publiccards)
25                   * chipsOfPlayer[1].costChips_Hand * 1.0/44;
26               }
27               //计算 River 机会节点的收益均值
28               EVofRIVER += value * 1.0/44;
29           }
30           return EVofRIVER;//计算机方采取一个非 Flop 行为的收益值
31       }
32       else
33       {//发生 Folp 行为
34           return value;
35       }
36   }
```

River 阶段实现搜索的 PAD 图如图 9-10 所示。

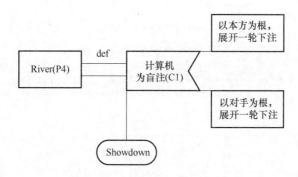

图 9-10　River 阶段实现搜索的 PAD 图

9.6.3　估值模块

估值模块主要实现建立 Showdown 阶段五张扑克牌的牌型对照表，分为如下几部分：生成四条牌型，生成葫芦牌型，构建对照表时向表中插入牌型数据，建立对照表的总体流程的执行过程。具体伪码如下：

1）生成四条牌型的伪码如下：

```
01   void Evaluate::GenFourOfkind(void)
02   {
03      HashItem * p;
04      //记录同类型中的排名
05      int ranking = 700;
06      for(int j =12;j >=0;j--)//遍历 13 种扑克牌牌型
07      {
08          unsigned int sum32 =0;
09          Hash64 sum64 =0;
10          for(int i =0; i <4; i ++)//遍历 4 种扑克牌花色
11          {
12              sum32 ^ =PokerRandom32[i][j];
13              sum64 ^ =PokerRandom64[i][j];
14          }
15          for(int m =12; m >=0; m--)
16          {
17              if(m ==j)
18                  continue;
19              for(int n =0; n <4; n ++)
20              {
21                  sum32 ^ =PokerRandom32[n][m];
22                  sum64 ^ =PokerRandom64[n][m];
23                  //生成表的索引
```

```
24              p =&pokerHandsHashTable[ sum32 &
25                  HASHTABLE_ADDRESS_LENGTH];
26          //向表中插入数据
27          InsertIntotable(p,sum32,sum64,ranking,FOUROFKIND);
28          //复位
29          sum32 ^ = PokerRandom32[n][m];
30          sum64 ^ = PokerRandom64[n][m];
31      }
32      ranking--;
33      }
34  }
35 }
```

2）生成葫芦牌型的伪码如下：

```
01  void Evaluate::GenFullOfHouse(void)
02  {
03      HashItem * p;
04      //记录排名
05      int ranking =4000;
06      for(int j =12;j >=0; j--)//遍历13 种扑克牌牌型
07      {
08          unsigned int sum32 =0,temp32 =0;
09          Hash64 sum64 =0,temp64 =0;
10          //取葫芦、取三条
11          for(int i1 =0;i1 <4;i1 ++)//遍历4 种扑克牌花色
12          {
13              for(int i2 = i1 +1;i2 <4; i2 ++)
14              {
15                  for(int i3 = i2 +1;i3 <4; i3 ++)
16                  {
17                      int count =0;
18                      //计算32 位、64 位哈希值
19                      sum32 = PokerRandom32[i1][j]^ PokerRandom32[i2][j]^
20                          PokerRandom32[i3][j];
21                      sum64 = PokerRandom64[i1][j]^ PokerRandom64[i2][j] ^
22                      PokerRandom64[i3][j];
23                      //取一对
24                      for(int m =12; m >=0; m--)
```

```
25                           {
26                               if (m == j)
27                               continue;
28                               for (int i3 = 0; i3 < 4; i3 ++)
29                               {
30                                   for (int i4 = i3 +1; i4 < 4; i4 ++)
31                                   {
32                                       sum32 ^ = PokerRandom32[i3][m] ^
33                                           PokerRandom32[i4][m];
34                                       sum64 ^ = PokerRandom64[i3][m] ^
35                                           PokerRandom64[i4][m];
36                                       //向表中插入数据
37                                       p = & pokerHandsHashTable
38                                       [sum32&HASHTABLE_ADDRESS_LEN];
39                                       InsertIntotable (p,sum32,sum64,
40                                           ranking,FULLHOUSE);
41                                       //复位
42                                       sum32 ^ = PokerRandomsum32[i3][m] ^
43                                           PokerRandom32[i4][m];
44                                       sum64 ^ = PokerRandom64[i3][m] ^
45                                           PokerRandom64[i4][m];
46                                   }
47                               }
48                           ranking--;
49                           count ++;
50                       }
51                   ranking += count;  //遍历同牌型的三条,需要将排名复位
52               }
53           }
54       }
55   ranking--;
56   }
57 }
```

3) 向表中插入数据的伪码如下:

```
01  void Evaluate::InsertIntotable (HashItem * p,unsigned int sum32,
02  Hash64 sum64,
03  int ranking,int type)
```

```
04 {
05     if(p->flag ==1)//发生哈希冲突
06     {
07         p =&pokerHandsHashOverTable[sum32&OVERTABLE_ADDRESS_LEN];
08         while(p->flag ==1)//线性探测
09         {
10             p ++;
11         }
12         //向溢出表中插入牌型数据
13         p->checksum = sum64;
14         p->flag =1;
15         p->ranking = ranking;
16         p->type =type;//如同花顺
17     }
18     else//未发生冲突,向基本表中插入牌型数据
19     {
20         p->checksum = sum64;
21         p->flag =1;
22         p->ranking = ranking;
23         p->type =type;//如同花顺
24     }
25 }
```

4) 建立基于哈希技术的牌型对照表的伪代码如下:

```
01  void Evaluate::BuildPokerHandsBook(void)
02  {
03      pokerHandsHashTable = new HashItem[8*1024*1024];//创建基本表
04      pokerHandsHashOverTable = new HashItem[8*1024*1024];//创建溢出表
05      GenStraightFlush(); //生成同花顺牌型
06      GenFourOfkind();   //生成四条牌型
07      GenFullOfHouse(); //生成葫芦牌型
08      GenFlush();    //生成同花牌型
09      GenStraight(); //生成顺子牌型
10      GenThreeOfKind(); //生成三条牌型
11      GenTwoPair(); //生成两对牌型
12      GenOnePair(); //生成一对牌型
13      return;
14  }
```

附录 A　中国大学生计算机博弈大赛暨中国锦标赛部分项目规则

1. 幻影围棋规则

幻影围棋（Phantom Go）是一项起源于欧洲的棋类游戏，其规则是基于围棋，但又在围棋的基础上加入了信息不完全的限制，故名幻影围棋。

棋盘：9×9 围棋的棋盘。

棋子：黑白两种围棋棋子。

规则：

1）黑白双方轮流落子，落子的基本规则与围棋一致，其中气、禁招等概念都相同。

2）幻影围棋加入了信息隐蔽的概念——在下棋时，双方都无法看到对手棋盘上的落子，形成了两个不完备信息的棋盘，完备信息的对弈棋盘是由双方的棋盘取并集而成。

3）由于信息隐蔽，就需要一个中间裁判，裁判可以看到双方棋盘。也就是说，从裁判角度看到的是一个完备信息的 9×9 围棋棋盘，并根据规则判断双方落子是否合法，如果合法则返回 legal，若不合法则返回 illegal。

4）当有一方落子之后出现提子的情况时，裁判会向双方返回提子数目与位置信息，双方同时更改棋面。

5）当一方所有落子都返回 illegal 时，即可判定该方 pass。

6）直至双方都无法再落子，即双方都返回 pass，此时根据所占地域多少判定胜负。

2. 不围棋规则

不围棋（No Go）相比于围棋的寓意，可谓是反其道而行之。其目的是让对手因不能吃你的子而处处掣肘，从而占领更大的地盘。

棋盘：9×9 围棋的棋盘。

棋子：黑白两种围棋棋子。

规则：

1）黑子先走，双方轮流落子，落子后棋子不可移动。

2）对弈的目标不是吃掉对方的棋子，恰恰相反，如果一方落子后吃掉了对方的棋子，则落子一方判负。

3）对弈禁止自杀，落子自杀一方判负。

4）对弈禁止空手（pass），空手一方判负。

5）每方用时 15min，超时判负。

6）对弈结果只有胜负，没有和棋。

3. 军棋规则

军棋是我国特有的一种棋种，在我国民间流传极广，具有很好的民间基础，属于不完备信息的博弈游戏。

棋盘：军棋棋盘如图 A-1 所示，军棋棋盘由 12 行 5 列共 60 个停靠点和它们之间的连线组成，停靠点分为兵站、行营和大本营，连线分为公路（细线）和铁路（粗线）。

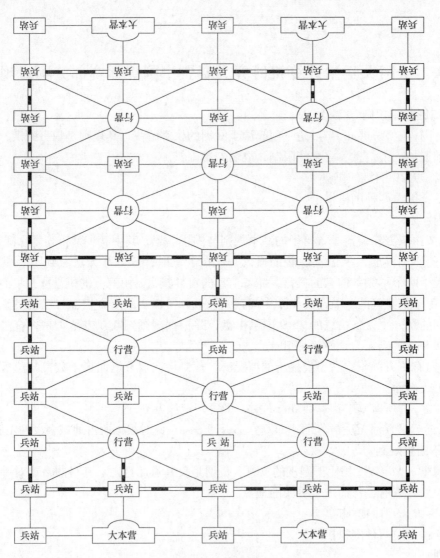

图 A-1　军棋棋盘

棋子：棋子分为红方和黑方，每一方的棋子各 25 枚，司令、军长、军旗各一枚；师长、旅长、团长、营长、炸弹各二枚；连长、排长、工兵、地雷各三枚。

布局规则：布局时选手只能将己方的 25 枚棋子扣放在本方区域的兵站和大本营中（军棋必须放在大本营中，地雷必须放在最后两排，炸弹不能放在第一排，行营中不能布子）。

对局规则：布局结束后，红方先行一着，如果发生碰子由裁判将碰棋输赢结果通知双方，然后双方轮流行棋，最后根据和棋或输赢规则结束棋局。

1）行棋规则。

- 军旗和地雷不可移动，在大本营里的棋子不可移动，其他棋子可以移动。
- 棋子沿公路线移动时每次只能走到相邻的停靠点。
- 工兵沿铁路线移动时可不限格数直行或转弯到达铁路线上未被阻挡的任何兵站，其他棋子沿铁路线移动时不可转弯，只可不限格数沿直线移动到未被阻挡的兵站。
- 棋子不能碰行营中的棋子。

2）碰子规则。基本的碰子规则是双方棋子相碰时军阶低的棋子战败被吃掉（移出棋盘），如果两个棋子级别相同则同归于尽（双方棋子移出棋盘）。具体碰子胜败规则见表 A-1。

表 A-1　军棋碰子胜败规则表

攻＼守	司令	军长	师长	旅长	团长	营长	连长	排长	工兵	炸弹
司令	同尽	军长败	师长败	旅长败	团长败	营长败	连长败	排长败	工兵败	同尽
军长	军长败	同尽	师长败	旅长败	团长败	营长败	连长败	排长败	工兵败	同尽
师长	师长败	师长败	同尽	旅长败	团长败	营长败	连长败	排长败	工兵败	同尽
旅长	旅长败	旅长败	旅长败	同尽	团长败	营长败	连长败	排长败	工兵败	同尽
团长	团长败	团长败	团长败	团长败	同尽	营长败	连长败	排长败	工兵败	同尽
营长	营长败	营长败	营长败	营长败	营长败	同尽	连长败	排长败	工兵败	同尽
连长	连长败	连长败	连长败	连长败	连长败	连长败	同尽	排长败	工兵败	同尽
排长	排长败	排长败	排长败	排长败	排长败	排长败	排长败	同尽	工兵败	同尽
工兵	工兵败	工兵败	工兵败	工兵败	工兵败	工兵败	工兵败	工兵败	同尽	同尽
地雷	司令败	军长败	师长败	旅长败	团长败	营长败	连长败	排长败	地雷败	同尽
炸弹	同尽	同尽	同尽	同尽	同尽	同尽	同尽	同尽	同尽	同尽
军旗	军旗败	军旗败	军旗败	军旗败	军旗败	军旗败	军旗败	军旗败	军旗败	同尽

- 炸弹碰到对方任何棋子时同归于尽（包括军旗和地雷）。
- 地雷被工兵碰到时被工兵吃掉，被炸弹碰到时同归于尽，被其他棋子碰到时可吃掉其他棋子。
- 若司令被吃掉或同归于尽，则无司令的选手需亮出军旗所在位置。

3）和棋或胜负判定规则。

结束对局后，按以下顺序优先判定胜负：

- 行棋着法非法的一方为负。
- 双方都无棋可走为和棋，只有一方无棋可走的，无棋可走的一方为负。

- 军旗被吃掉或被炸的一方为负。
- 某一方行棋累计时间先超过 30min 为负。
- 双方连续 31 步未碰子时当前行棋方为负（由于普遍认为防守方略占优势，此规则主要为了减少平局和互不进攻的僵局而设，鼓励主动进攻）。

4. 爱恩斯坦棋规则

爱恩斯坦棋与军棋类似，属于不完全信息的博弈游戏，起源于德国，近几年才逐渐流行，2012 年成为中国大学生计算机博弈大赛的比赛项目。爱恩斯坦棋的棋盘如图 A-2 所示。

棋盘：棋盘为 5×5 的方格型棋盘，方格为棋位，左上角为红方出发区，右下角为蓝方出发区，如图 A-2 所示。

棋子：红方和蓝方各有 6 枚方块形棋子，分别标有数字 1～6。开局时双方棋子在出发区的棋位可以随意摆放。

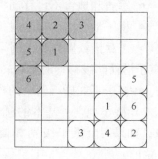

图 A-2　爱恩斯坦棋的棋盘界面

规则：

1）双方轮流掷骰子，然后走动与骰子数字相对应的棋子，如果相对应的棋子已经从棋盘移出，便可走动大于或小于此数字的并与此数字最接近的棋子。

2）红方的棋子可以向右、向下、向右下，每次走动一格；蓝方的棋子可以向左、向上、向左上，每次走动一格。

3）如果在棋子走动的目标棋位上有棋子，则要将该棋子从棋盘上移出（吃掉）。有时吃掉本方棋子也是一种策略，因为可以增加其他棋子走动的机会与灵活性。

4）率先到达对方出发区角点或将对方棋子全部吃掉的一方获胜。

5）对弈结果只有胜负，没有和棋。

6）每盘每方用时 3min，超时判负。每轮双方对阵最多 7 盘，轮流先手（甲方 1、4、5 盘先手，乙方 2、3、6、7 盘先手），两盘中间不休息，先胜 4 盘为胜方。

5. 海克斯棋

海克斯（Hex）棋属于一种双人的落子类游戏。

棋盘（国际奥林匹克比赛采用的棋盘）：典型的棋盘由 11×11 个六边形单元格组成，上下两个边界线为红色、左右两个边界线为蓝色，红色（横向）坐标表示范围 A～K，蓝色（纵向）坐标表示范围 1～11，如图 A-3 所示。

棋子：红与蓝两种颜色的圆形棋子，略小于棋盘上的六边形单元格。对弈双方各执一种颜色的棋子。

规则：

1）双方交替落子，每次只能落一个棋子，每个棋子占据一个六边形单元格；两个相邻的同色棋子被认为相互连通。

2）最先将同色的两个边界用同色棋子连通的一方获胜（如图 A-4 所示为蓝方胜）。不存在和棋。

3）双方轮流先手，各赛一局，每局比赛红方先。对战沟通落棋位置时严格按照坐标（先纵再横的顺序）描述。

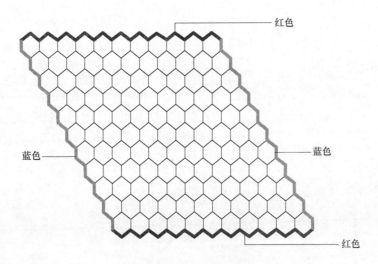

图 A-3　海克斯棋的棋盘

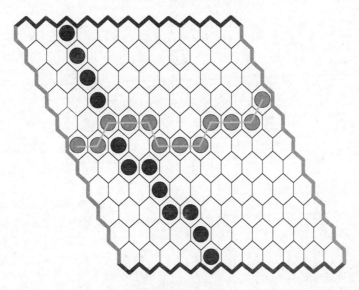

图 A-4　蓝方获胜

附录 B　桥牌 AI 引擎的核心部分源码

1. 桥牌游戏处理部分核心代码

（1）全局信息初始化

```
01  void InitGame(Game * g)    //参数为游戏数据结构体指针
02  {
03      g->turn = 0;            //将轮数赋为零
04      g->num = 0;             //将顺序数赋为零
05      int i,j;
```

```
06      for(i=0;i<13;i++)
07      {
08          g->hand[i]=-1;          //将每张手牌的编码都赋为-1
09          g->dHand[i]=-1;         //将每张明手牌的编码都赋为-1
10          for(j=0;j<4;j++)    //将手牌中四种花色的牌的花色编码赋为-1,
11                              //数目赋为0,最大牌点赋为零,是否将牌赋为否
12          {
13              g->suit[j].cards[i]=-1;
14              g->suit[j].cardnum=0;
15              g->suit[j].bigCardNum=0;
16              g->suit[j].isLong=false;
17          }
18      }
19      g->color=-1;            //将定约花色赋为-1
20      g->position=-1;         //将引擎方位赋为-1
21      g->vulnerable=0;        //将局况赋为0
22      g->nowBid[0]=-1;        //将当前叫牌方位赋为-1
23      g->nowBid[1]=-1;        //将当前叫牌墩数赋为-1
24      g->nowBid[2]=-1;        //将当前叫牌花色赋为-1
25      g->cardPoint=0;         //牌力,大牌点,当前轮数,总轮数,
26                              //除将pass叫牌数量赋为0外,将引擎状态赋为1
27      g->honorCardPoint=0;
28      g->EngineState=1;
29      g->roundNow=0;
30      g->roundTotal=0;
31      g->nowbidnum=0;
32      g->isAverage=false;     //未经接到定约
33      g->isTidy=false;        //牌型不是均牌型
34      g->isContover=false;    //未整理过手牌
35                              //初始化记牌器
36      for(int i=0; i<52; i++)
37          g->cardRecord[i]=0;
38  }
```

（2）有人出牌时调用此函数以更新游戏进程

```
01  void gameNext(Game * model,int card)
02  //函数参数为数据结构体指针,所出牌编号
03  {
```

```
04      model->historyCard[model->turn * 4 + model->num] = card;
05      //记录出牌
06      model->num ++ ;//索引加1
07      if(model->num == 4)
08      {
09          model->num = 0;
10          model->turn ++ ;
11      }
12  }
```

（3）作为领出时出牌逻辑

```
01  int GetPlayFor0 (Game * pgame,int * putCards,int num)
02  {
03      int index = num-1;//首攻随机出牌
04      return index;
05  }
```

（4）作为领出下家时出牌逻辑

```
01  int GetPlayFor1 (Game * pgame,int * putCards,int num)
02  {
03      int index = num-1;//默认出牌
04      return index;
05  }
```

（5）作为领出同伴时出牌逻辑

```
01  int GetPlayFor2 (Game * pgame,int * putCards,int num)
02  {
03      int index = num-1;//默认出牌
04      return index;
05  }
```

（6）作为收官时出牌逻辑

```
01  int GetPlayFor3 (Game * pgame,int * putCards,int num)
02  {
03      int index = num-1;//默认出牌
04      return index;
05  }
```

（7）计算应该出哪张牌

```
01   int GetPlay(Game * pgame,char * r_play,int flag)
02   //参数为游戏数据结构体指针,出牌报文字符串,是否明手出牌
03   {
04       if(pgame-> turn ==0 && pgame-> num ==0)//首攻
05       {
06           int putCard =0;    //标注要出的牌
07           for(int i =0; i <4; i ++)//出长套第三张
08           {
09               //如果该花色为长套,且有四张以上
10               if(pgame-> suit[i]. isLong&&pgame-> suit[i]. cardnum >=4)
11               {
12                   int num =pgame-> suit[i]. cardnum;
13                   num - =3;
14                   putCard =pgame-> suit[i]. cards[num];
15                   break;
16               }
17               else//随便扔张小牌
18               {
19                   putCard =pgame-> hand[12];
20               }
21           }
22           if(putCard <10)
23               sprintf_s(r_play,80,"PLAY %c%c",pgame->position,putCard + '0');
24           else
25               sprintf_s(r_play,80,"PLAY %c%c%c",pgame->position,putCard / 10 +
26                   '0',putCard % 10 + '0');
27           for(int i =0; i <13; i ++)//把已出的牌初始化为-1
28           {
29               if(pgame-> hand[i] ==putCard)
30                   pgame-> hand[i] =-1;
31               if(pgame-> dHand[i] ==putCard)
32                   pgame-> dHand[i] =-1;
33           }
34           //return putCard;
35       }
36       else
37       {
```

```
38          int putCards[13];
39          int num,index=0;//默认出0
40          //取得可行牌
41          if(flag==0)
42              num=GetHUseableCard(pgame,putCards);
43          else
44              num=GetDUseableCard(pgame,putCards);
45          if(num>1)
46          {//有多张可出牌
47              if(pgame->num==0)
48              {//领出
49                  index=GetPlayFor0(pgame,putCards,num);
50              }
51              else if(pgame->num==1)
52              {//领出人下家
53                  index=GetPlayFor1(pgame,putCards,num);
54              }
55              else if(pgame->num==2)
56              {//领出人同伴
57                  index=GetPlayFor2(pgame,putCards,num);
58              }
59              else if(pgame->num==3)
60              {//收官
61                  index=GetPlayFor3(pgame,putCards,num);
62              }
63          }
64          if(putCards[index]<10)
65          {
66              if(flag==0)
67                  sprintf_s(r_play,80,"PLAY %c%c",pgame->position,
68                      putCards[index]+'0');
69              else
70                  sprintf_s(r_play,80,"PLAY %c%c",pgame->dPosition,
71                      putCards[index]+'0');
72          }
73          else
74          {
75              if(flag==0)
```

```
76          sprintf_s(r_play,80,"PLAY %c%c%c",pgame->position,
77              putCards[index] / 10 + '0',putCards[index] % 10 + '0');
78        else
79          sprintf_s(r_play,80,"PLAY %c%c%c",pgame->dPosition,
80              putCards[index] / 10 + '0',putCards[index] %10 + '0');
81      }
82      for(int i =0; i <13; i ++)
83      {
84          if(pgame->hand[i] ==putCards[index])
85              pgame->hand[i] =-1;
86          if(pgame->dHand[i] ==putCards[index])
87              pgame->dHand[i] =-1;
88      }
89      return putCards[index];
90    }
91  }
```

（8）在一墩中，找到当前自己可出的牌

```
01  int GetHUseableCard(Game * pgame,int * r_chars)
02  //函数参数为游戏数据结构体指针,返回所有可出牌的数组指针
03  {
04      int num =0;
05      if(pgame->num ==0)
06      {//领出
07          for(int i =0; i <13; i ++)
08          {
09              if(pgame->hand[i] !=-1)
10              {
11                  r_chars[num ++] =pgame->hand[i];
12              }
13          }
14      }
15      else
16      {
17          for(int i =0; i <13; i ++)
18          {
19              if((pgame->hand[i] !=-1)&&(pgame->hand[i] % 4 ==
20              pgame->historyCard[pgame->turn *4] % 4))
```

```
21                    {
22                         r_chars[num++]=pgame->hand[i];
23                    }
24              }
25         if(num==0)
26         {//没有领出花色则任出一张
27              for(int i=0; i<13; i++)
28              {
29                    if(pgame->hand[i] !=-1)
30                    {
31                         r_chars[num++]=pgame->hand[i];
32                    }
33              }
34         }
35    }
36    return num;
37 }
```

（9）在一墩中，找到当前明手可出的牌

```
01 int GetDUseableCard(Game * pgame,int * r_chars)
02 //函数参数为游戏数据结构体指针,返回所有可出牌的数组指针
03 {
04    int num=0;
05    if(pgame->num==0)
06    {//领出
07         for(int i=0; i<13; i++)
08         {
09              if(pgame->dHand[i] !=-1)
10              {
11                    r_chars[num++]=pgame->dHand[i];
12              }
13         }
14    }
15    else
16    {
17         for(int i=0; i<13; i++)
18         {
19              if((pgame->dHand[i] !=-1)&&(pgame->dHand[i] % 4 ==
```

```
20                          pgame->historyCard[pgame->turn*4] % 4))
21              {
22                      r_chars[num++]=pgame->dHand[i];
23              }
24          }
25      if(num==0)
26      {//没有领出花色则任意出一张
27          for(int i=0; i<13; i++)
28          {
29              if(pgame->dHand[i]!=-1)
30              {
31                  r_chars[num++]=pgame->dHand[i];
32              }
33          }
34      }
35  }
36  return num;
37  }
```

注：以下为与叫牌相关的操作函数。

（10）分析应该叫什么牌

```
01  void GetBid(Game * pgame,char bid[80])
02  //函数参数为游戏数据结构体指针,包含叫牌信息的字符串
03  {
04      char * bid=new char[80];
05      if(! pgame->isTidy)//如果没有整理套牌则整理
06          GetSuit(pgame);
07      UpdateCardPoint(pgame);//根据当前叫牌更新牌点
08      if(pgame->nowbidnum==0)
09          OpenBid(pgame,bid);//开叫
10      else
11          sprintf_s(bid,80,"BID % c00",pgame->position);
12  }
```

（11）GetSuit( ) 函数为整理手牌，给均牌型和长套牌标识，按花色分别计数保存手牌便于计算牌点

```
01  void GetSuit(Game * pgame)
02  {
03      for(int i=0; i<13; i++)
```

```
04      {
05          pgame->suit[pgame->hand[i] % 4].cards[pgame->suit[pgame->hand[i] %
06              4].cardnum ++ ] = pgame->hand[i];
07          if(pgame->hand[i] / 4-10 >0)
08              pgame->suit[pgame->hand[i] % 4].bigCardNum ++;
09      }
10      int c =0;
11      int max =0;
12      for(int i =0; i < 4; i ++)
13      {
14          if(pgame->suit[i].cardnum ==3)
15              c ++;
16          if(pgame->suit[i].cardnum >max)
17          {
18              pgame->suit[i].isLong =true;
19              max =pgame->suit[i].cardnum;
20              for(int j =0; j <i; j ++)
21                  pgame->suit[j].isLong =false;
22          }
23          if(pgame->suit[i].cardnum ==max)
24              pgame->suit[i].isLong =true;
25      }
26      if(c ==3)
27          pgame->isAverage =true;
28      //先算大牌点,只算一次
29      pgame->honorCardPoint =0;
30      int temp;
31      for(int i =0; i <13; i ++)
32      {
33          temp =pgame->hand[i] / 4-8;
34          if(temp >0)
35          {
36              pgame->honorCardPoint += temp;
37          }
38      }
39      pgame->isTidy =true;
40  }
```

（12）计算手中牌的牌点

```
01   void UpdateCardPoint(Game * pgame)
02   //游戏数据结构体指针
03   {
04       //没有开叫或叫无将的情况,牌力为大牌点加长套点
05       //开叫有将,牌力为大牌点加短套点
06       pgame-> cardPoint = pgame-> honorCardPoint;
07       if(pgame-> nowBid[0] == -1 || pgame-> nowBid[1] == '5')
08       {
09           for(int i = 0; i < 4; i ++)
10           {
11               if(pgame-> suit[i]. isLong)
12               {
13                   if(pgame-> suit[i]. cardnum == 5)
14                   {
15                       if(pgame-> suit[i]. bigCardNum == 2)
16                           pgame-> cardPoint += 1;
17                       if(pgame-> suit[i]. bigCardNum > 2)
18                           pgame-> cardPoint += 2;
19                   }
20                   if(pgame-> suit[i]. cardnum > 5)
21                   {
22                       if(pgame-> suit[i]. bigCardNum == 2)
23                           pgame-> cardPoint += 2;
24                       if(pgame-> suit[i]. bigCardNum > 2)
25                           pgame-> cardPoint += 3;
26                   }
27               }
28           }
29       }
30       else
31       {
32           uchar color = pgame-> nowBid[1] - '0' - 1;
33           for(int i = 0; i < 4; i ++)
34           {
35               if(i == color)//不计算将牌
36                   continue;
37               if(! pgame-> suit[i]. isLong)
```

```
38                   {
39                       if(pgame->suit[color].cardnum==2)
40                       {
41                           if(pgame->suit[i].cardnum==2)
42                               pgame->cardPoint+=0;
43                           if(pgame->suit[i].cardnum==1)
44                               pgame->cardPoint+=1;
45                           if(pgame->suit[i].cardnum==0)
46                               pgame->cardPoint+=2;
47                       }
48                       if(pgame->suit[color].cardnum==3)
49                       {
50                           if(pgame->suit[i].cardnum==2)
51                               pgame->cardPoint+=1;
52                           if(pgame->suit[i].cardnum==1)
53                               pgame->cardPoint+=2;
54                           if(pgame->suit[i].cardnum==0)
55                               pgame->cardPoint+=3;
56                       }
57                       if(pgame->suit[color].cardnum>3)
58                       {
59                           if(pgame->suit[i].cardnum==2)
60                               pgame->cardPoint+=1;
61                           if(pgame->suit[i].cardnum==1)
62                               pgame->cardPoint+=3;
63                           if(pgame->suit[i].cardnum==0)
64                               pgame->cardPoint+=5;
65                       }
66                   }
67               }
68           }
69   }
```

（13）作为开叫时逻辑函数

```
01   void OpenBid(Game*pgame,char r_bid[80])
02   //函数参数为游戏数据结构体指针 返回叫品报文字符串指针
03   {
04       sprintf_s(r_bid,80,"BID %c00",pgame->position);
```

```
05      if(pgame-> cardPoint >7)
06      {
07          for(int i =0; i < 4; i ++)
08          {
09              if(pgame-> suit[i]. isLong)
10                  sprintf_s(r_bid,80,"BID %c1%d",pgame->position,i + 1);
11              if(r_bid[5] != '0')
12                  pgame-> nowbidnum ++;
13          }
14      }
15  }
```

（14）获取下一家的函数

```
01  char NextPosition(char i)
02  {
03      switch(i)
04      {
05          case'N':
06              return'E';
07          case'E':
08              return'S';
09          case'S':
10              return'W';
11          case'W':
12              return'N';
13      }
14  }
```

2. 主要框架代码

主程序，创建存储游戏数据的结构体、初始化游戏数据、从控制台读取 msg 并进行处理。

```
01  int _tmain(int argc, _TCHAR * argv[])
02  {
03      srand(time(NULL));
04      char msg[80];
05      ofstream fcout;
06      fcout. open("bridge. log");
07      struct Game * pgame = new Game;
08      InitGame(pgame);
```

```
09      while(1)
10      {
11          cin.getline(msg,80);
12          fcout << msg << endl;
13          OnMsg(msg,pgame);
14      }
15      fcout.close();
16      delete pgame;
17      return 0;
18  }
```

3. 用于通信的相关函数

（1）用于输入信息处理的函数

```
01  void OnMsg(char msg[80],Game * pgame)
02  {
03      char cShort[4];
04      for(int i = 0;i < 3;i ++)
05          cShort[i] = msg[i];
06      cShort[3] = '\0';
07      if(strcmp(cShort,"BRI") == 0)        //版本信息
08          OnBRI();
09      if(strcmp(cShort,"INF") == 0)        //轮局信息
10          OnINF(msg,pgame);
11      if(strcmp(cShort,"DEA") == 0)        //牌套信息
12          OnDEA(msg,pgame);
13      if(strcmp(cShort,"BID") == 0)        //叫牌过程
14          OnBID(msg,pgame);
15      if(strcmp(cShort,"PLA") == 0)        //出牌过程
16          OnPLA(msg,pgame);
17      if(strcmp(cShort,"CON") == 0)        //叫牌结束
18          OnCON(msg,pgame);
19      if(strcmp(cShort,"DUM") == 0)        //明牌过程
20          OnDUM(msg,pgame);
21      if(strcmp(cShort,"BBR") == 0)        //断线信息叫牌阶段
22          OnBBR();
23      if(strcmp(cShort,"PBR") == 0)        //断线信息打牌阶段
24          OnPBR();
25      if(strcmp(cShort,"GAM") == 0)        //游戏结束
```

```
26          OnGAM(pgame);
27      if(strcmp(cShort,"ERR")==0)          //游戏结束
28          OnERR(pgame);
29  }
```

（2）对 BIRDGEVER 信息做回应的函数

```
01  void OnBRI()
02  {
03      cout << "OK BRIDGEVER" << endl;
04  }
```

（3）对 INFO 信息做回应的函数

```
01  void OnINF(char msg[80],Game * pgame)
02  {
03      int i,j =0;
04      int value =0;
05      for(i =5;msg[i]!= '\0';i ++)
06      {
07          if(msg[i]==',')
08          {
09              if(j ==0)
10              {
11                  dp-> iTurnNow = value;
12              }
13              else if(j ==1)
14              {
15                  pgame-> turnNow = value;//当前局
16              }
17              else if(j ==2)
18              {
19                  pgame-> turnTotal = value;//总局
20              }
21              else if(j ==3)
22              {
23                  pgame-> iTurnTime = value;//局用时
24              }
25              else if(j ==4)
26              {
27                  pgame-> roundNow = value;//当前轮
```

```
28              }
29              else if(j ==5)
30              {
31                  pgame-> roundTotal = value;//总轮
32              }
33              else if(j ==6)
34              {
35                  pgame-> iTime = value;//交互用时
36              }
37              j ++;
38              value = 0;
39          }
40          else
41          {
42              value = value * 10 + msg[i]-'0';
43          }
44      }
45      pgame-> vulnerable = (uchar)value;//局况
46      cout << "OK INFO" << endl;
47  }
```

（4）比较两字符串的第一个字符

```
01  int cmpsort(const void * a,const void * b)
02  {
03      return(* (char * )a- * (char * )b);
04  }
```

（5）对 DEAL 信息做回应的函数

```
01  void OnDEA(char msg[80],Game * pgame)
02  {
03      int i,j =0;
04      pgame-> position = msg[5];      //获取本家 AI 方位编号
05      switch(pgame-> position)        //获取战友方位
06      {
07          case'S':
08              pgame-> pPosition = 'N';
09              break;
10          case'N':
11              pgame-> pPosition = 'S';
```

```
12              break;
13          case'W':
14              pgame->pPosition = 'E';
15              break;
16          case'E':
17              pgame->pPosition = 'W';
18              break;
19      }
20      int value = 0;
21      for(i = 6;msg[ i ] != '\0';i ++ )
22      {
23          if(msg[ i ] == ',')
24          {
25              pgame->hand[ j ++ ] = value;
26              value = 0;
27          }
28          else
29          {
30              value = value * 10 + msg[ i ]-'0';
31          }
32      }
33      pgame->hand[ j ++ ] = value;
34      pgame->cardRecord[ value ] = pgame->position;
35      for(int i = 0; i < 12; i ++ )
36      {
37          for(int j = 0; j < 12-i; j ++ )
38          {
39              if(pgame->hand[ j ] < pgame->hand[ j + 1])
40              {
41                  pgame->hand[ j ] = pgame->hand[ j ] ^ pgame->hand[ j + 1];
42                  pgame->hand[ j + 1 ] = pgame->hand[ j + 1 ] ^ pgame->hand[ j ];
43                  pgame->hand[ j ] = pgame->hand[ j ] ^ pgame->hand[ j + 1];
44              }
45          }
46      }
47      for(int i = 0; i < 13; i ++ )
48      {
49          pgame->cardRecord[ pgame->hand[ i ]] = pgame->position;
50      }
51      cout << "OK DEAL" << endl;
52  }
```

（6）对 BID 信息做回应的函数

```
01  void OnBID(char msg[80],Game * pgame)
02  {
03      ofstream fcout;
04      fcout.open("bridge.log",ios::app);
05      if(strcmp(msg,"BID WHAT")==0)
06      {
07          char bid[80];
08          GetBid(pgame,bid);
09          cout << bid << endl;
10          fcout << "本引擎回复:" << bid << endl;
11      }
12      else
13      {
14          if(msg[6]!='0')
15          {
16              pgame->nowBid[2]=msg[4];
17              pgame->nowBid[0]=msg[5];
18              pgame->nowBid[1]=msg[6];
19              pgame->nowbidnum ++;
20          }
21          cout << "OK BID" << endl;
22      }
23      fcout.close();
24  }
```

（7）对断线信息做回应的函数

```
01  void OnBBR()
02  {
03      cout << "OK BBREAKINFO" << endl;
04  }
```

（8）对断线信息做回应的函数

```
01  void OnPBR()
02  {
03      cout << "OK PBREAKINFO" << endl;
04  }
```

（9）对 CONTOVER 信息做回应的函数

```
01  void OnCON(char msg[80],Game * pgame)
02  {
03      pgame->color = msg[11]-'0'-1;
04      pgame->isContover = true;
05      cout << "OK CONTOVER" << endl;
06  }
```

（10）对 DUMMY 信息做回应的函数

```
01  void OnDUM(char msg[80],Game * pgame)
02  {
03      int i,j = 0;
04      pgame->dPosition = msg[6];      //获取明手方位编号
05      int value = 0;
06      for(i = 7;msg[i] != '\0';i ++)
07      {
08          if(msg[i] == ',')
09          {
10              pgame->dHand[j ++] = value;
11              value = 0;
12          }
13          else
14          {
15              value = value * 10 + msg[i]-'0';
16          }
17      }
18      pgame->dHand[j ++] = value;
19      pgame->cardRecord[value] = pgame->dPosition;
20      qsort(pgame->dHand,13,sizeof(char),cmpsort);
21      for(int i = 0; i < 12; i ++)
22      {
23          for(int j = 0; j < 12-i; j ++)
24          {
25              if(pgame->dHand[j] < pgame->dHand[j + 1])
26              {
27                  pgame->dHand[j] = pgame->dHand[j] ^ pgame->dHand[j + 1];
28                  pgame->dHand[j + 1] = pgame->dHand[j + 1] ^ pgame->dHand[j];
29                  pgame->dHand[j] = pgame->dHand[j] ^ pgame->dHand[j + 1];
```

```
30                    }
31                }
32          }
33          for(int i = 0; i < 13; i ++)
34          {
35              pgame-> cardRecord[ pgame-> dHand[ i]] = pgame-> dPosition;
36          }
37          cout << "OK DUMMY" << endl;
38    }
```

（11）对 PLAY 信息做回应的函数

```
01    void OnPLA(char msg[ 80], Game * pgame)
02    {
03          if(! pgame-> isContover)//未定约,过滤
04          {
05              return;
06          }
07          ofstream fcout;
08          fcout. open("bridge. log", ios:: app);
09          char * pc = msg + 6;
10          if(strcmp(pc, "WHAT") == 0)//出牌
11          {
12              char play[ 80];
13              int card;
14              if(msg[ 5] == pgame-> dPosition)
15              {//明手出牌
16                  card = GetPlay(pgame, play, 1);
17      //平台会转发引擎返回的明手出牌信息,所以在这里不调用 gameNext()函数
18              }
19              else if(msg[ 5] == pgame-> position)
20              {
21                  card = GetPlay(pgame, play, 0);
22                  gameNext(pgame, card);
23              }
24              cout << play << endl;
25              int pcard = 0;
26              pcard = msg[ 6] - '0';
27              if(msg[ 7] ! = '\0')
```

```
28          {
29              pcard = pcard * 10 + msg[7] - '0';
30          }
31          pgame->cardRecord[card] = -1;
32          fcout << "本引擎回复:" << play << endl;
33      }
34      else//接收转发
35      {
36          int card = 0;
37          card = msg[6] - '0';
38          if(msg[7] != '\0')
39              card = card * 10 + msg[7] - '0';
40          pgame->cardRecord[card] = -1;
41          gameNext(pgame,card);
42          cout << "OK PLAY" << endl;
43      }
44      fcout.close();
45  }
```

（12）对 GAMEOVER 信息做回应的函数

```
01  void OnGAM(Game * pgame)
02  {
03      if(pgame->roundNow == pgame->roundTotal)
04          pgame->EngineState = 0;
05      else
06          InitGame(pgame);
07      cout << "OK GAMEOVER" << endl;
08  }
```

（13）对 ERROR 信息做回应函数

```
01  void OnERR(Game * pgame)
02  {
03      pgame->EngineState = 0;
04      cout << "OK ERROR" << endl;
05  }
```

参 考 文 献

［1］卢格尔. 人工智能：复杂问题求解的结构和策略　原书第 6 版［M］. 郭茂祖，刘扬，玄萍，等译. 北京：机械工业出版社，2010.

［2］韦斯. 数据结构与问题求解：Java 语言版　第 4 版［M］. 影印版. 北京：清华大学出版社，2011.

［3］萨尼. 数据结构、算法与应用：C++语言描述［M］. 汪诗林，孙晓东，等译. 北京：机械工业出版社，2000.

［4］RUSSELL S J, NORVIG P. Artificial Intelligence A Modern Approach［M］. Upper Saddle River：Prentice Hall，2005.

［5］BERLEKAMP E R. The Dots-and-Boxes Game-Sophisticated Child's Play［M］. Boca Raton：Peter's LTD，2000.

［6］MEYNIEL H, ROUDNEFF J P. The Vertex Picking Game and a Variation of the Game of Dots-and-Boxes［J］. Discrete Mathematics，1988，70（3）：311-313.

［7］WEAVER L, BOSSOMAIER T. Evolution of Neural Networks to Play the Game of Dots-and-Boxes［EB/OL］.［2021-03-30］. https://arxiv. org/abs/cs/9809111.

［8］WU I C, TSAI H T, LIN H H, et al. Temporal Difference Learning for Connect6［J］. Lecture Notes in Computer Science，2012，7168：121-133.

［9］WU I C, LIN H H, LIN P H, et al. Job-Level Proof-Number Search for Connect6［J］. Lecture Notes in Computer Science，2011，6515，11-22.

［10］WU I C, HUANG D Y. A New Family of k-in-a-Row Games［J］. Lecture Notes in Computer Science，2006，4250，180-194.

［11］张小川，陈光年，张世强，等. 六子棋博弈的评估函数［J］. 重庆理工大学学报（自然科学），2010，24（2）：64-68.

［12］韩逢庆，李翠珠，李伟. 六子棋博弈的二次估值［J］. 重庆工学院学报（自然科学），2009，23（11）：57-60.

［13］徐长明，马忠民，徐心和. 一种新的连珠棋局面表示法在六子棋中的应用［J］. 东北大学学报（自然科学版），2009，30（4）：514-517.

［14］李果. 基于遗传算法的六子棋博弈评估函数参数优化［J］. 西南大学学报（自然科学版），2007，29（11）：138-142.

［15］黄继平，苗华，张栋. 用遗传算法实现六子棋评估函数参数优化［J］. 重庆工学院学报（自然科学），2009，23（11）：85-89.

［16］BURO M. Simple Amazons Endgames and Their Connection to Hamilton Circuits in Cubic Subgrid Graphs［J］. Lecture Notes in Computer Science，2001，2063，250-261.

［17］CHIANG S-H, WU I-C, LIN P-H. On Drawn K-In-A-Row Games［J］. Lecture Notes in Computer Science，2010，6048，158-169.

［18］AVETISYAN H, LORENTZ R J. Selective Search in an Amazons Program［J］. Lecture Notes in Computer Science，2003，2883，123-141.

［19］KLOETZER J. Monte-Carlo Opening Books for Amazons［J］. Lecture Notes in Computer Science，2011，6515，124-135.

［20］KARAPETYAN A, LORENTZ R J. Generating an Opening Book for Amazons［J］. Lecture Notes in Computer Science，2006，3846，161-174.

[21] LORENTZ R J. Amazons Discover Monte-Carlo [J]. Lecture Notes in Computer Science，2008，5131，13-24.

[22] SNATZKE R G. New Result of Exhaustive Eearch in the Game Amazons [J]. Theor. Comput. Sci.，2004，313（3），499-509.

[23] LITTMAN M，ZINKEVICH M. The 2006 AAAI Computer Poker Competition [J]. ICGA Journal，2006，29（3）：166-167.

[24] HARRIS M. The First 'Man-Machine Poker Championship' Begins Tomorrow [N]. Poker News，2007-07-22.

[25] BILLINGS D，DAVIDSON A，SCHAEFFER J，et al. The Challenge of Poker [J]. Artificial Intelligence，2002，134（1）：201-240.

[26] BILLINGS D. Algorithms and Assessment in Computer Poker [D]. Edmonton：University Of Alberta，2006.